三峡库区森林生态保护与恢复重庆市市级重点实验室 CSTC，2007CA1001

长苞铁杉天然更新生态学

The natural regeneration ecology of Tsuga longibracteata

朱小龙 著

西南师範大學出版社
SOUTHWEST CHINA NORMAL UNIVERSITY PRESS
国家一级出版社 全国百佳图书出版单位

图书在版编目(CIP)数据

长苞铁杉天然更新生态学/朱小龙著.—重庆:
西南师范大学出版社,2011.7
ISBN 978-7-5621-5367-2

Ⅰ.①长… Ⅱ.①朱… Ⅲ.①铁杉—植物生态学
Ⅳ.①S791.170.2

中国版本图书馆CIP数据核字(2011)第111168号

长苞铁杉天然更新生态学

朱小龙 著

责任编辑:胡秀英
版式设计:戴永曦
照　　排:夏　洁
出版、发行:西南师范大学出版社
(重庆·北碚　邮编:400715
网址:www.xscbs.com)
印　　刷:四川外语学院印刷厂
开　　本:850mm×1168mm　1/32
印　　张:5.875
字　　数:120千字
版　　次:2011年7月第1版
印　　次:2011年7月第1次印刷
书　　号:ISBN 978-7-5621-5367-2
定　　价:15.00元

目 录

Contents

摘　要

采用野外定位观测、群落调查、大棚模拟和室内分析相结合的方法，从长苞铁杉（*Tsuga longibracteata*）种子雨动态、不同群落类型样地长苞铁杉幼苗建立、林窗过程对长苞铁杉幼苗建立的影响、长苞铁杉幼树在不同大小林窗中的形态与生理差异、光照强度对幼苗更新的影响、不同光强下水分胁迫对长苞铁杉幼苗作用、菌根接种对长苞铁杉幼苗更新的影响以及长苞铁杉在森林火烧迹地的建立等多个角度对福建天宝岩国家级自然保护区内分布的长苞铁杉的天然更新过程及其环境影响因素进行研究，结果如下：

1. 长苞铁杉种子雨开始于11月上旬，终止于12月下旬，持续时间约50天。2003与2004两个年度，种子雨输入的高峰均在11月下旬。空气相对湿度对种子雨日输入密度有显著影响，种子雨输入密度与空气相对湿度的回归方程为$y=337.903-273.5x$（y为种子雨输入密度，x为空气相对湿度）。不同群落中长苞铁杉种子雨输入量均存在极显著的年度波动，如在长苞铁杉毛竹混交林中，2003年长苞铁杉种子雨的输入量是15.1粒/m^2，2004年为73.9粒/m^2。长苞铁杉孤立木的种子雨在树冠下的输入密度均有先升后降的趋势，其分布格局符合二项式分布，具有很高的决定系数。长苞铁杉孤立木种子雨在近距离内没有明显的方向性。风是长苞铁杉种子远距离被动扩散中最主要的环境营力，不同孤立木中长苞铁杉种子在林冠外的扩散距离基本一致，均为25 m～30 m。

2. 群落类型对长苞铁杉幼苗建立有显著影响。2004年与2005年度，长苞铁杉种子在不同群落中的萌发率均存在显著差异，在同一群落中，不同年度的萌发率也存在显著差异。在长苞铁杉幼苗发生方面，光照状况不对长苞铁杉幼苗发生起主要作用，不同的气候背景下，光照强度对幼苗发生的生态影响也有所不同；较厚的凋落物层有一定的保水保温作用，可以促进长苞铁杉幼苗的发生。2004年和2005年长苞铁杉幼苗存活率在毛竹林内最高（分别为70.5%和82.5%），在长苞铁杉毛竹混交林内次之（分别为22.6%和32.0%），而在相对光照强度较低的长苞铁杉阔叶树混交林样地、长苞铁杉猴头杜鹃混交林样地和长苞铁杉纯林样地内的幼苗均全部死亡。长苞铁杉毛竹混交林样地内的长苞铁杉幼苗的根生物量、茎生物量、叶生物量、总生物量均显著地低于毛竹林样地内的长苞铁杉幼苗，但其各生物量分配指标均没有显著的差异。光照是长苞铁杉幼苗存活的限制因子，长苞铁杉幼苗的生长与存活需要较强的相对光照强度；较厚的凋落物层不利于长苞铁杉幼苗的存活与生长。

3. 林窗面积对长苞铁杉幼苗建立有显著影响。大林窗样地、中林窗样地、小林窗和林下样地内长苞铁杉幼苗发生率分别为10%,10%,4%和6%,随着林窗的增大,长苞铁杉种子的成苗率略有增高趋势,但差异并不显著。雨水冲刷和昆虫取食是长苞铁杉幼苗死亡的两个重要原因;随着林窗面积的增大,幼苗受雨水冲刷造成死亡的比例有上升趋势,幼苗受昆虫取食造成死亡的比例有下降趋势。长苞铁杉幼苗出现时间在各样地中基本一致,而死亡时间在各林窗中有所差异。林窗大小对幼苗的存活率有显著影响,中等大小林窗样地幼苗存活率最高(27.0%),大林窗样地幼苗存活率次之(7.3%),而小林窗样地和林下样地幼苗则全部死亡。林窗光照增强有利于长苞铁杉幼苗的生长和存活。与中林窗幼苗相比,大林窗内更强的光照对幼苗根与叶的生长有利,并促使更多生物量分配到这两个器官上。综合种子萌发、幼苗存活与生长、幼苗的形态差异等方面认为:长苞铁杉为先锋树种,其幼苗建立需要依赖中等大小以上(>50 m^2)的林窗。

4. 在林窗内不同位置对长苞铁杉幼苗建立有显著影响。林窗中心样地、林窗中部样地、林窗边缘和林下样地内长苞铁杉幼苗发生率分别为10%,10.7%,6%和6%。从林冠下到林窗中心,长苞铁杉种子的幼苗发生率略有增高趋势。在林窗中心样地和林窗中部样地中雨水冲刷是幼苗死亡的最主要原因,而在林窗边缘样地和林下样地中昆虫的取食是幼苗死亡的最主要原因。林窗位置对幼苗的存活率有显著影响,林窗中部样地幼苗存活率最高

(11.4%)，林窗中心样地幼苗存活率次之(6.7%)，而林窗边缘样地和林下样地幼苗则全部死亡。种子营养消耗完后，在林窗中心、林窗中部、林窗边缘和林下等 4 个位置样地中，林窗中心样地幼苗平均高度最高。经过一个生长季后，林窗中心样地中幼苗的根生物量、茎生物量和总生物量均略高于林窗中部样地的幼苗，但差异并不显著。林窗中心样地幼苗叶生物量、叶重比、叶/地上等指标显著高于林窗中部样地的幼苗，而茎重比则低于林窗中部样地的幼苗。

5. 长苞铁杉幼树生长对光照强度有一定的要求。长苞铁杉幼树(胸径 2 cm～5 cm)在小林窗内没有分布，在中等大小林窗中与全日照生境的分布密度分别为 3.7 株/100m^2 和 14.3 株/100m^2。与生长在全日照生境下的幼树相比，林窗环境中的幼树树冠变小，叶片的密度和生物量减小，并将同化的 C 更多地分配于树干的垂直生长。与生长在全日照生境下的幼树相比，林窗环境中的幼树叶片较大，叶片 N、H、P、K、Ca 和 Mg 含量较高，C/N 较低，而 C/H 和 N/H 则较高，叶片叶绿素 a、叶绿素 b、总叶绿素和类胡萝卜素含量较高，而叶绿素 a/叶绿素 b 值和类胡萝卜素/总叶绿素值较低，可以更有效地利用光资源；叶片 MDA 含量较低，SOD 活性较低，但 POD 活性和 Pro 含量均较高。

6. 光照强度是影响长苞铁杉幼苗更新的重要原因。

50%全日照条件下，长苞铁杉种子萌发率和幼苗存活率最高。50%全日照条件下，幼苗根、茎、叶及总生物量最高；光照的增强促使幼苗生物量往地下分配以加强根部吸收水分的能力，并促使地上部分的生物量更多的分配到叶片生长上。光照强度对长苞铁杉幼苗根、茎、叶中C、N、H、P、K、Ca、Mg等主要元素的含量有显著影响，并可以影响C、N、H、P、K、Ca、Mg等主要元素在根、茎、叶的分配比例。随着光强的提高，幼苗叶片叶绿素a、叶绿素b、总叶绿素和类胡萝卜素含量均呈现下降的趋势，叶绿素a/叶绿素b值和类胡萝卜素/总叶绿素值呈上升趋势。在光强不超过50%时，随着光强的提高，幼苗叶片和细根的MDA含量、SOD活性和POD活性呈现升高趋势；光照强度达到全日照时，叶片MDA含量、叶片SOD活性和POD活性呈现下降趋势。幼苗叶片和细根Pro含量在25%全日照时最低。50%全日照是长苞铁杉种子育苗的最适光照强度。

7. 不同光照强度下水分胁迫对长苞铁杉幼苗的影响存在显著差异。在光照与土壤干旱综合作用对幼苗的影响方面，强光照(100%全日照)加重了干旱对幼苗的伤害，遮阴可以降低不利因素的影响；在光照与土壤过湿综合作用对幼苗的影响方面，强光照(100%全日照)和弱光照(10%全日照)加重了土壤水分过多引起的伤害，中等强度光照(50%和25%全光照)可以降低不利因素的影响；在

50%和25%全日照条件下，长苞铁杉幼苗对土壤水分过多和干旱胁迫的忍耐能力较强。

8. 接种外生菌根可以提高长苞铁杉幼苗在土壤贫瘠区域的更新能力。外生菌根对长苞铁杉种子的萌发没有影响，对幼苗的生长和N、P、K元素的吸收有明显的促进作用，接种幼苗菌根感染率超过75%，其株高、根生物量、叶生物量和地上部分及地下部分N、P、K元素含量显著增加，较对照均达显著水平，但对生物量在各器官中的分配没有显著影响。

9. 长苞铁杉可以在森林火灾迹地中完成其生活史。长苞铁杉在模拟林火干扰样地的幼苗发生率为13%，在人工刈割杂草后样地为10.5%，而在对照组样地为0，杂草的遮阴作用对长苞铁杉幼苗的发生不利。经过一个完整生长季的生长，模拟林火干扰样地内幼苗存活率为68.1%，而人工刈割杂草处理样地内幼苗存活率为0，杂草的竞争提高了长苞铁杉幼苗死亡率。森林火灾迹地中，长苞铁杉更新植株的密度随着与母树主干距离的加大有下降的趋势。火灾更新迹地中长苞铁杉植株平均高度的分布格局和长苞铁杉植株平均基径的分布格局符合二项式分布。

关键词：长苞铁杉；种子雨；幼苗建立；林窗；环境影响

Abstract

The natural regeneration process of *Tsuga longibracteata* and environmental impacts were studied in this paper by seed rain dynamic, seedling establishment in different community sample plots, effects of forest gap on seedling establishment, distribution pattern, morphologic and physiological difference of saplings in different size gaps, effects of light intensity environments on seedling regeneration, effects of water stress on seedlings survival and growth in different light intensity environment, effects of inoculating with the ectotrophic mycorrhizal epiphyteon on seedling regeneration, and the seedling establishment process at forest fire vestige ground by means of field observation, community investigation and environmental controling condition experimentation. Results showed that:

1. In the first ten days of November, seeds of *Tsuga longibracteata* matured and began to drop. Seed rain of *Tsuga longibracteata* lasted about 50 days. In 2003 and 2004, seed rain day input density of *Tsuga longibracteata*

maximized at the last ten days of November. Atmosphere relative humidity had an evident effect on seed day input density, the regressive equation of atmosphere relative humidity and seed day input density is $y=337.903-273.5x$ (y is seed day input density, x is atmosphere relative humidity). There was evident year seed rain input fluctuation in different types of community. For example, the total seed rain input density of *Tsuga longibracteata* in *Tsuga longibracteata* and *Phyllostachys heterocycla* mixed forest was 15.1 seeds/m^2 in 2003 and 73.9 seeds/m^2 in 2004. The total seed rain input density under isolated *Tsuga longibracteata* tree crown increased at first, then decreased. The pattern fit quadratic distribution, with high coefficients of determination. The total seed input density pattern of isolated *Tsuga longibracteata* tree did not show evident difference in 4 directions (east, west, south and north). Wind is the primary environmental dispersal power of seeds. The seeds dispersal distance was about 25 to 30 m, ultimately identical in different isolated *Tsuga longibracteata* trees.

2. Community sample plots had an evident effect on seedling establishment of *Tsuga longibracteata*. In 2004 and 2005, the seedling emergence rate showed evident

difference in different community sample plots. The seedling emergence rate of the same community plots also showed evident difference in different years. Light intensity was not the primary limitative fator of seedling emergence. The effects of light intensity on seedling emergence rate were different under different climatic backgrounds. The thicker litter layer increased seedling emergence rate through preserving soil water and higher temperature. The seedling survival rates in Phyllostachys heterocycla forest were the highest (70. 5% in 2004 and 82. 5% in 2005), those of *Tsuga longibracteata* and Phyllostachys heterocycla mixed forest were secondly high (22. 6% in 2004 and 32. 0% in 2005) after one growing season. The seedling in low light intensity communities such as *Tsuga longibracteata* and broadleaf mixed forest, *Tsuga longibracteata* and Rhododendron simiarum mixed forest, and *Tsuga longibracteata* pure forest died out. The root biomass, leave biomass, stem biomass and total biomass of *Tsuga longibracteata* seedling in Phyllostachys heterocycla forest were higher than those of seedling in *Tsuga longibracteata* and Phyllostachys heterocycla mixed forest, but the biomass distribution on root, stem and leaves was not evidently different. Light intensity was the primary limitative factor of seedling survival and growth. The thick litter layer did harm to seedling survival and growth.

3. The area of gap had an evident effect on the seedling establishment of *Tsuga longibracteata*. The seedling emergence rates of *Tsuga longibracteata* in plots of larger gap , medium gap, smaller gap and under canpy were 10%, 10%, 4% and 6% respectively. The seedling emergence rate of *Tsuga longibracteata* showed ratherish increased trend along with the gap size increasing, but the difference is not evident. Rain eroding and insects feeding were two main factors leading to seedling death. The larger the gap size increased, the more the seedlings were killed by rain erosion and less seedlings were fed by insects. The emergence time of seedlings was almost the same in all plots while their death time were different respectively. The gap size had a significant impact on the rate of surviving seedlings. The seedling survival rate in medium gap plots was the highest (27.0%), that in larger gap plots was secondly high (7.3%), and seedling in smaller gap plots and under canopy plots died out after one growing season. Increased light supply in gaps was favorable for the seedlings height growth and survival

rate. Increased light supply in the larger gap could also enhance the seedling growth of leaf and root of *Tsuga longibracteata* allocating more dry mass to root and leaf increment, but it had little impact on the growth of stem. This research indicates that *Tsuga longibracteata* was pioneer species and its seedling establishment need a medium or larger gap ($>$50 m^2).

4. The difference of location in gaps had evident effects on the seedling establishment of *Tsuga longibracteata*. In our researching gap, the seedling emergence rates of *Tsuga longibracteata* in plots of gap center, gap middle, gap edge and under canpy were 10%, 10.7%, 6% and 6% respectively. The seedling emergence rate showed ratherish increased trend from the canopy to the center of gap. Rain eroding was the main factor that induce the death of seedling in gap center plots and gap middle plots, but insects feeding was the main factor that induce the death of seedling in gap edge plots and under canopy plots. Location in gap had an evident effect on seedling survival. The seedling survival rate in gap middle plots was the highest (11.4%), that in gap center plots was secondly high (6.7%), and seedling in gap edge plots and under canopy plots died out after one

growing season. The average height of seedling in gap center plots was the highest among the 4 kinds of gap location plots when seed nutrition expending. After one growing season, the root biomass, stem biomass and total biomass of seedling in gap center plots were ratherish higher than those of seedling in gap middle plots, but the difference was not evident. The leaf biomass, leaf total biomss ratio and leaf upground ratio of seedling in gap center plots were evidently higher, while stem total biomss ratio was lower than those of seedling in gap middle plots.

5. The seedling growth of *Tsuga longibractcata* had some requirements to light intensity. Sapling of *Tsuga longibracteata* (DBH from 2 cm to 5 cm) did not distribute in small gap, the sapling distributing in density in medium gap and full sunlight environment were 3. 7 saplings/100m^2 and 14. 3 saplings/100m^2. Compared with sapling distributing in full sunlight environment, the sapling in medium gap had bigger leaves, the sapling in medium gap had a less crown, lower leaves density, lower branch density and less biomass cumulation, and distributed more C to the vertical growth of trunk to enhance the predominance of peak. Compared with those saplings dis-

tributing in full sunlight environment, the sapling in medium gap had bigger leaves, the N、H、P、K、Ca and Mg content of sapling leaves in medium gap were higher, the C/N ratio was lower, while the C/H ratio and N/H ratio were higher. The chla, chlb, chl and car content were higher, while the chla/chlb ratio and car/chl ratio were lower, that make the leaves utilize light resource more efficient. The contents of MDA and SOD activites were lower but POD activities and contents of Pro were higher.

6. The light intensity is an important cause to effect sapling regeneratcon of *Tsuga longibracteata*. The seed germinated rate and seedlings survival rate were the highest in the 50% full sunlight environment. In 50% full sunlight environment, the root, stem, leaf and total seedling biomass were all the highest. The increase of light intensity promoted more biomass distributing to roots to enhance the seedling roots' ability of water absorbing, and promotes more overground biomass distributing to leaves. Light intensity had evident effect on the contents of C, N, H, P, K, Ca, Mg in seedling roots, stems and leaves, and had effect on the distribution ratio of C, N, H, P, K, Ca, Mg in seedling roots, stems and

leaves. As the light intensity increasing, the contents of Chla, Chlb, Chl, Car in seedling leaves decline, the rates of Chla/Chlb and Car/Chl rised. When light intensity was not more than 50% full sunlinght, the MDA contents, the SOD activities and POD activities of seedling leaves and roots showed incremental trends along with light intensity increasing. When light intensity was full sunlinght the MDA contents of seedling leaves, the SOD and POD activities of seedling leaves declined observably. The Pro contents of seedling leaves and roots were both lowermost in 25% full sunlinght environment. The suited light intensity of *Tsuga longibracteata* seeds germinating and seedlings growing should be hereabout 50% full sunlight.

7. The effects of water stress on seedling survival and growth in different light intensity environment had evident differences. High light intensity (100% full day light) could enhance the injury of soil drought on seedlings of *Tsuga longibracteata*, shading could reduce the injury of soil drought. High light intensity (100% full day light) and low light intensity (10% full day light) could enhance the injury of excessive soil water on seedlings of *Tsuga longibracteata*, medium light intensity

(50% and 25% full day light) could reduce the injury of excessive soil water. In medium light intensity (50% and 25% full day light) environment, the tolerance of seedling of *Tsuga longibracteata* on soil water stress was high.

8. Inoculating with the ectotrophic mycorrhizal epiphyteon could enhance the regeneration capability of *Tsuga longibracteata* in lean soil area. Ectotrophic mycorrhiza had evident promoting effect on the *Tsuga longibracteata* seedling growth and the N, P, and K nutrient absorbtions, the inoculated seedling height, root biomass and N, P, and K contents increased evidently. The mycorrhiza linfective rate was over 75%, that all reached the evident level as compared with the control, but it had no evident effect on seedling biomass distribution on roots, stems and leaves.

9. The seeds of *Tsuga longibracteata* could finish its' life history at forest fire vestige ground. The seedling emergence rate in simulant forest fire disturbed plots was 13%, that in artificial mowing treated plots was 10.5% and the CK was 0. The shade of weed did harm to seedling emergence of *Tsuga longibracteata*. After one growing season, the seedling survival rate in simulant forest

fire disturbed plots was 68.1%, and that in artificial mowing treated plots was 0. The competition of weed increased seedling mortality. In actual forest fire vestige ground, the density of saplings and seedlings of *Tsuga longibracteata* showed a decreasing trend along with the distance from the mother tree trunk increasing. The patterns of average height and field diameter of seedlings and saplings at forest fire vestige ground both fited quadratic distributions, with high coefficients of determination. The simulant experiment and investigation of forest fire vestige ground showed *Tsuga longibracteata* could finish its life history in forest fire vestige ground.

Keywords: *Tsuga longibracteata*; seed rain; seedling establishment; forest gap; environmental impact

第一章 绪论

The natural regeneration ecology of Tsuga longibracteata

森林更新是森林生态系统动态中森林植物再生产的一个自然的生物学过程。在这个过程中,以木本植物为主的生物种群在时间和空间上不断延续、发展或发生演替,对未来森林群落的结构具有深远的影响,因而它是一个极为重要的生态学过程(韩有志等,2002)。这个过程受环境条件、自然干扰和人为干扰类型、更新树种的生理生态学特性、现存树种与更新树种的关系、竞争植物种和其他生物种的特性等因素及其相互作用的影响。单位面积内种子的多少,即种子的供应程度,种子的发芽条件,幼苗、幼树生长发育的环境条件是研究森林更新的“三把钥匙”(李旭光等,1996)。由于森林更新研究在森林生物多样性的维持、森林生态系统稳定与发展、破坏林地的生态恢复方面具有重要意义,多年以来一直是森林生态学研究的热点。目前国内外研究者,主要从种子生产与扩散、生境异质性对幼苗建立的影响、林窗过程与植物更新的关系、环境因素对幼苗与幼树存活和生长的影响等方面对森林更新过程进行研究(Whitmore,1989;韩海容等,2000;Silvertown and Charlesworth,2001)。

1.1 树木种子生产与扩散

森林天然更新的第一个环节在于繁殖体的提供。一个植物种群的种子雨的有效传播会直接影响种群的建立和更新。从20世纪60年代起，学者们开始了不同物种种子雨的空间分布特征和时间动态特征的研究(Cremer, 1965;Graber, 1970)，目前研究的主要热点集中于种子产量的年际变异(即大小年现象)方面(Silvertown, 2001)。大小年现象对森林木本植物的更新具有重要的意义，大小年现象可以防止取食动物消耗树木的全部种子，因此种子在大年可以有部分数量逃避取食而实现萌发(Silvertown, 2001)。Silvertown(1980)发现，在北美树种中，大多数以非肉质果实散布种子的物种都具有大小年现象，而大多数以肉质果实散布种子的物种则没有此现象；Herrera等(1998)发现，即便取样范围更广，木本植物仍具有相似的趋势。另外，在森林达到顶极后，林窗内的种子雨动态对森林生态系统的更新与维持也具有重要意义。刘济明(1996)对梵净山栲树(*Castanopsis fargesii*)种群种子雨展开研究，结果表明大年的成熟种子产量约为小年的5倍；在种子雨中，小年能用于更新的有效种子很少，而在大年则剩有较多的成熟种子供更新之用，大年在栲树种群的更新中起着重要作用，而小年对种群更新作用不大。Denslow等(1990)研究热带雨林林冠下和林窗中种子雨，结果表明在哥斯达黎加的雨林中，大量进入林窗的种子雨均属于外来成分，其潜在的意义在于增加林窗中幼苗和幼树的多样性，减弱森林的片断结构。Loiselle等(1996)分析哥斯达黎加的雨林中种子雨的时空变化规律，发现进入林窗的风播种子数量大于进入林下的风播种子数量，但是进入林下的种子雨数量却大于林窗中的种子雨数量。吴大荣(1997)通过对福建罗卜岩自然保护区闽楠(*Phoebe bournei*)种群的种子雨和种子库进行调查研究，结果表明：闽楠的种群更新所依赖的种子库主要来源于母树最迟一年内的种子雨输入；闽楠种群种子雨与径级大小密切相关；闽楠种群种子雨与气温、湿度、雨量及风速等环境因子有关，其中与湿度相关最为密切。另外，马万里等(2001)、彭军等(2000)、王巍等(2000)、唐勇等(1998)、邹春静等(1998)分别对长白山地区胡桃楸(*Juglans mandshurica*)种群的种子雨、重庆四面山常绿阔叶林建群种栲树、石栎(*Lithocarpus glabra*)等种群的种子雨、北京东灵山落叶阔叶林中辽东栎(*Quercus liaotungensis*)种群的种子雨、西双版纳白背桐(*Mallotus paniculatus*)次生林的种子雨、沙地云杉(*Picea mongolica*)种群的种子雨的时空分布规律展开过研究。

1.2 生境异质性对树木幼苗建立的影响

在树木生活史中，幼苗阶段是个体生长最为脆弱，对环境变化最为敏感的时期。幼苗阶段受环境影响发生的一系列生理变化决定了树木未来的命运。因此，进行树木幼苗的发生、存活及其与环境因子的关系的研究对于该种群的发生、发展规律有着关键性意义。在幼苗发生方面，徐振邦(1994)对落叶松(*Larix gmelinii*)的出苗条件开展研究，发现绝大部分落叶松更新幼苗出现在表土裸露、无杂草灌木、土壤湿润的地方，更新频度与植被覆盖度呈明显的衰减指数相关。Narukawa 和 Yamamoto (2003)对针叶树幼苗在不同基质根系发展的比较研究中发现，多种冷杉(*Abies* spp.)幼苗的根系在土壤中发育较好，而在枯枝落叶层中幼苗根系发育不良。Seiwa 等(2002) 研究了埋藏深度对日本栗(*Castanea crenata*)幼苗建立的影响，发现其幼苗的成苗率在埋藏深度为 5 cm 时最大，幼苗成苗率、生物量和高度通常与种子的埋藏深度呈负相关；不同埋藏深度处理幼苗生物量在各器官中的分配也有不同，这导致了幼苗成活可能性的差异。在幼苗存活与生长影响方面，Turner(1990)观测了马来西亚低地热带雨林的幼苗生长和存活表现，发现幼苗死亡率随着幼苗生长高度的增加逐步下降；林窗中幼苗成活率较低，但高生长更快。陶建平等(1997)对不同环境中四川大头茶(*Gordonia acuminata*)幼苗发生及幼苗消亡过程进行研究，结果表明，在不同环境中，四川大头茶幼苗的发生时机较一致，其幼苗死亡的时间格局也较一致，主要集中在幼苗发生后的 20 天内以及 1～2 月份，幼苗死亡原因主要为鼠害、虫害、旱害、雨水冲刷、烂根等。韩海容等(2000)对辽东栎苗木早期生长与光的关系开展过研究，结果表明：辽东栎幼苗在光照强度 50%的条件下生长最好，影响林内辽东栎天然更新的主要因子是林内光照不足对辽东栎幼苗生长的限制作用。黄忠良等(2001)对影响季风常绿阔叶林幼苗定居的主要因素开展研究，结果表明，除去凋落物层对幼苗的定居有利，但不能增加其幼苗物种丰富度；降雨量的大小对幼苗的死亡率影响极大，冠层叶面积指数的大小影响光照强度而导致各样地幼苗定居数量和物种丰富度的差异；土壤湿度大有利于种子萌发，并能提高幼苗成活率。另外，班勇和徐化成(1995)对兴安落叶松老龄林分幼苗天然更新及微生境特点、周先叶等(1996)对广东黑石顶森林群落黄果厚壳桂(*Cryptocary aconcinna*)幼苗出生和死亡特征、王巍等(2000a)对东灵山地区辽东栎(*Quercus liaotungensis*)幼苗的建立和空间分布等开展过研究。其他的研究包括森林中幼苗丰富度与生境中光的可利用性、萌发时间过程与幼苗的死亡率等问题(Bongers et al., 1988; Ellison et al., 1993; 陈圣宾等, 2005)。由此可见，光照、基质、降水等环境因子是研究树木幼苗发生和生长的重点。

1.3 林窗及其动态过程对树木更新的影响

林窗这一概念是伴随森林循环的研究而产生的，用以表示群落中一株以上林冠层树木死亡而形成的将由新个体占据与更新的空间(臧润国，1998)。林窗形成后，森林中光照、温度、养分和水分等环境条件发生的变化，会引起有效资源的空间异质性，这对各更新树种和更新过程影响重大。Whitmore从20世纪70年代开始对热带雨林的林窗及其动态过程进行了较为细致的研究，并对世界不同纬度其他森林的林窗动态的研究进行了总结(Whitmore，1978;1988;1989)。另外，学者们就林窗干扰与森林更新的作用方面还在生态系统中不同树种对林窗的繁殖与生长对策、林窗内种子雨与种子库、林窗大小与林窗更新的关系、林窗形成时间与林窗更新的关系、林窗形成木与林窗更新的关系等问题上做了很多工作(Runkle，1981；Brokaw，1982；Connell，1989；Denslow and Gomez，1990；Veblen，1992)。如Myers等(1999)发现*Bertholletia excelsa*更新适宜的林窗大于95 m^2。Brown(1996)对热带雨林3种龙脑香科树种的幼苗监测，发现这3种幼苗都表现出在林窗中央最高，越靠近林窗边缘或林下生长越慢，数量也较少。刘庆(2004)在林窗对长苞冷杉(*Abies georgei*)自然更新幼苗存活和生长的影响的研究中发现从幼苗存活数量、生长速度来看，中等大小林窗(50 m^2～100 m^2)是长苞冷杉幼苗更新的适宜面积。钱莲文等(2005)对长苞铁杉林林窗物种更新动态开展了初步研究，结果表明，随林窗的不断发育，长苞铁杉幼苗在林窗中的密度依次降低，在林窗发育的前期密度最大，中期次之，到林窗发育的晚期密度最小，且在较大的林窗中密度较大。另外，吴宁(1999)对亚高山针叶林林窗动态；王周平等(2001)、齐代华等(2001)对缙云山针阔叶混交林林窗更新；朱小龙和李振基(2002)对南亚热带雨林林窗内幼苗的空间分布格局及高度梯度；臧润国等(1998a，1998b，2000)对长白山红松林的林窗更新、海南热带山地雨林的林窗更新及南亚热带常绿阔叶林的林窗更新；刘静艳等(1999)对南亚热带常绿阔叶林林窗形成方式及其特征；江明喜等(1995)对米心水青冈(*Fagus engleriana*)林窗更新动力学和米心水青冈生长过程中的抑制和释放等问题开展了研究工作。

Whitmore(1989)指出，在对森林中林窗的反应上，可将不同的树种归为两个基本的生态种组，即先锋树种和顶极树种。先锋树种和顶极树种具有不同的个体或种群生态学特性，Whitmore(1989)分别从种子特性、幼苗特性、寿命和种群结构等方面描述了这两类树种的特征。先锋树种在大林冠空隙中能长到成熟，而顶极树种在小林窗中即能长到成熟阶段。先锋树种的种子一般在土壤中能形成种子库，其种子库在时空上有不同的异质性，种子一般在林窗形成后萌发，其种群结构是同龄的，不同的先锋树种在种子的扩散、种子寿命、幼苗建成和生长需要及寿命长短上是有差别的；顶极树种在密闭的林冠下产生幼苗，不同的树种需要不同大小的林窗以刺激幼苗生长，更新是连续的,种群结构是异龄的。将树种分为两个主要的生态种组主要是基于它们之间定性简单的差异,但这种分类可能会揭示出生态特性的区分,一个树种的种子和幼苗的生态学特性,对于其生态种组的划分特别重要。

1.4 环境因子对树木幼苗更新的影响

1.4.1 光照对植物更新的影响

幼苗的更新与森林光环境异质性,特别是光照强度间具有较强的关联性(Scholes et al.,1997;韩有志和王政权,2002)。这是因为不同种类的幼苗不仅对光的需求不同,而且对于光环境变化的反应以及适应能力也不一样;森林中顶极树种的幼苗可以忍耐较荫蔽的环境,而先锋树种幼苗则需要较强的光照(Swaine,1988)。幼苗对森林光环境异质性的适应能力在某种程度上决定了其萌发、存活、分布和丰度(陈圣宾等,2005)。

光对某些植物种子的萌发必不可少(张德明和陈章和,1996),光照不足会推迟一些树种的萌发(Ashton and Larson,1996)。一般情况下,演替初期树种的种子萌发需要较好的光照条件,而演替后期树种的种子萌发需要较暗的光环境。光照增强对于一些树种幼苗的生长和存活比较有利(Dekker and Graaf,2003)。也有一些树种在荫蔽的情况下生长较好,光照增加会使其死亡率上升(陈圣宾等，2005）。

光照增加可以促进光合作用，有利于幼苗的生物量累积，但很多研究揭示，在中等强度的光照下幼苗的生物量累积更大；光照过强反而导致幼苗生物量累积下降，即便是喜阳的先锋树种幼苗。这说明每个物种幼苗的生物量累积存在一个最佳光照强度（Gardiner and Hodges，1998；Poorter，1999）。光照强度不同还可以引起生物量分配的变化，这可能是幼苗在不同光环境下生存的重要原因。在较弱光照下，幼苗将更多的生物量分配到叶中来增加对光的捕获（King，2003）；而在强光照射下，由于蒸腾作用增强，幼苗通过增加根部的生物量来解决对水分的需求（Poorter，1999）。幼苗茎部的生物量投入与光照的关系不那么密切，而可能与树种有关（Welander and Ottosson，1998）。

光照强度不同还可以引起幼苗叶片光合色素系统的变化。一般情况下随着生长光强的升高，幼苗叶片中叶绿素 a、b 含量均降低，但叶绿素 b 的降幅更大，所以叶绿素 a/b 值升高（Minotta and Pinzauti，1996；张教林和曹坤芳，2002；2002a；2002b），而较低的光照强度促进叶绿素的合成，叶绿素 a、b 含量均随光量子密度的降低而增加，同时叶绿素 a/b 值减小（2002a）。在强光下，叶绿素含量降低，可以维持植物对光能吸收和利用的平衡，避免光破坏的发生（冯玉龙等，2002a；冯玉龙等，2002b）；在弱光下,低的叶绿素 a/b 值能提高植物对远红光的吸收。幼苗叶绿素 a/b 值在不同光环境中的变化幅度与幼苗对光环境的适应能力呈正相关,且以先锋树种较强(冯玉龙等, 2002a; 冯玉龙等, 2002b)。光照过强会使植物遭受强光胁迫,严重时发生光氧化,在体内积累活性氧等一些有害物质,抗氧化酶系统的加强可以减轻这种伤害(张教林和曹坤芳, 2002; 李美茹等, 2001)。先锋树种的抗氧化能力较演替后期种强,这与其光合能力和光能利用效率高相一致。

研究木本植物种子萌发和幼苗生长对不同光照强度作用的响应,不仅可以确定种子萌发和幼苗生长的最适宜光照需求,在种子育苗具有突出的应用价值,而且可以用来解释森林中林窗过程对植物的影响(Whitmore, 1989)。

1.4.2 光照与水分胁迫协同作用对植物更新的影响

我国亚热带地区尽管降水量丰富,但分布不均匀,存在部分月份水分过多,而部分月份干旱的现象。当全球出现厄尔尼诺、拉尼娜等异常气候的年份时,这种降水不均现象常被增强。2002 年到 2004 年间,在长苞铁杉最有代表性的分布地——福建省永安市,水分过多的 5 月份月均降水量高达 300 mm,而干旱月份 10 月则不足 8 mm。土壤水分过多和过少对植物的生长都是不利的,植物在一定范围内会通过一些形态、生理生化反应来适应水分胁迫生境。

在土壤水分过多与光照条件协同作用对植物幼苗的影响方面,目前尚无较明确的假说。在干旱与光照协同作用对植物幼苗的影响方面主要有"权衡假说"、"主要限制假说"、"地上促进假说"和"相互影响假说"等。"权衡假说"预测干旱对深度遮阴环境中的幼苗的影响更大,如果阴生植物具有较高的比叶面积(specific leaf area)和叶面积比(leaf area ratio),这种权衡就会发生,因为得到较高的光辐射捕获能力是以根部生物量分配为代价的,这会导致植物对干旱更敏感(Smith and Huston, 1989)。另两种假说认为干旱仅仅对深度遮阴环境中的幼苗有微弱的影响。其中"主要限制假说"(Canham et al., 1996)认为,遮阴越重,水分对生长的限制越小,因此干旱的影响也越小。另外一个是"地上促进假说"(Holmgren,2000),它认为叶片和空气温度、蒸汽压不足和氧化胁迫在强光照下将加重干旱的影响,而遮阴可以降低这些影响。"相互影响假说"(Holmgren et al., 1997)则认为干旱的影响在强光照和深度遮阴下强,在中度遮阴下弱。

研究木本植物幼苗生长对光照和水分状况协同作用的响应,不仅可以用来解释森林中植物的生态位分化(Walters and Reich, 1997),还可以预测特定微生境中幼苗的表现,在生态恢复中也具有突出的意义。

1.4.3 菌根因素对植物幼苗建立的影响

真菌与高等植物形成菌根共生体系是一种极为普遍

的现象。菌根的形成使植物的生长和养分吸收得到显著改善(Smith, 1997),并对森林生态系统产生深远的影响(Hogetsu,1998)。对于外生菌根及其与宿主关系的研究,大量工作集中在以松科植物为主的针叶树上,并且较普遍地认为松树在长期的进化过程中对外生菌根已经形成了较强的依赖性(Hogetsu, 1998)。外生菌根是子囊菌和担子菌与植物营养根——特别是木本植物形成的共生体,它已成为森林生态系统研究的重要内容。外生菌根对高等植物生长促进的本质在于增强了植物从土壤中获取水分和养分特别是磷营养的能力,并进一步改善植物的代谢机能。外生菌根的形成可使树木依靠菌根菌的帮助对单位体积土壤中的水分和养分的吸收能力大大增强,而且也扩大了吸收的范围;同样的投入条件下,菌丝的吸收面积和吸收长度分别是根系的 11 倍和 1 001 倍(赵忠等, 1997;杨国亭等, 1999;阎秀峰, 2002)。

美国林务局通过对几种松树的接种实验结果表现,菌根接种一般可使苗木生长量提高 1 倍,如火炬松苗木的体积要比未接种的增加 31%～52%,弗吉尼亚松增加 28%～50%,白松增加 500%,且越是贫瘠的土壤增长愈显著(江苏省微生物研究所农微组, 1981)。对马尾松、樟子和几种国外松的菌根观察和育苗造林实验也认为:通过菌根接种,可使苗木出苗率、生长量、造林成活率和林木抗病力大大提高(孟繁荣等, 1991;马琼, 2005)。由于长苞铁杉也为松科树种，而且一般生长在极其瘠薄的环境，外生菌根能增强长苞铁杉从土壤中获取水分和养分，特别是磷营养的能力，从而对其天然更新产生重要影响。外生菌根对长苞铁杉养分吸收的影响研究对指导长苞铁杉育苗和造林可能有较大的应用价值。

1.4.4 火干扰对植物定居、维持的影响

火成演替长期以来一直是北美和欧洲森林形成过程的研究重点之一(Agee, 1993; Franklin et al., 2001)，火使耐火树种较好地定居、发育，而不耐火的物种受到抑制。我国在大兴安岭大火之后，进行了相关的考察与研究工作，表明在大兴安岭兴安落叶松等树种通过树皮增厚、快速萌芽、种子风播等机制来适应周期性的火灾(郑焕能和乌宏奇, 1991)，在南方山区有不少关于炼山对土壤水、肥和生物多样性影响的报道，但在我国亚热带地区地带性植被——常绿阔叶林非火成演替所形成，所以在我国亚热带地区有关火成演替的领域几乎是空白。长苞铁杉具有与大兴安岭的一些适应火成演替相类似的机制——树皮较厚、风播，长苞铁杉是否为适应火成演替的树种？其在火烧迹地与其他物种的定居竞争能力如何？这些都有待进一步的研究。

1.5 本文研究的意义

长期以来,马尾松一直是我国亚热带地区重要的用材树种与退化山地的生态恢复树种,随着松材线虫感染的威胁(曹越和沈伯葵, 1996),寻找其他优良造林树种部分替代马尾松已迫在眉睫。由于马尾松具有生长快、耐瘠薄、抗干旱、分布广等特点,其部分替代树种必须能接近这些特性。

令人欣慰的是我们在福建永安天宝岩国家级自然保护区周边开展植被调查中发现,长苞铁杉(*Tsuga longibracteata*)幼苗可以扩散到天然长苞铁杉林周边火灾迹地和瘠薄山地,并良好地生长,未发现类似于马尾松染病的症状。邹惠渝和周晓白(1994)对长苞铁杉的更新特性做了初步研究,也认为长苞铁杉为阳性树种,其幼苗可以在森林火灾迹地、岩石裸露地等退化林地中天然更新良好,且极耐瘠薄。同时,长苞铁杉分布范围广,从黔东北、湖南、粤北、桂北、赣南,一直到福建西部都有天然分布,并且其生长对海拔要求很低,从海拔 400 m 到 2 000 m 均可以生长良好(邹惠渝和周晓白, 1994; 郑凌峰, 2000; 王建林, 2002),这提示我们长苞铁杉用于中亚热带退化山地的植被重建具有一定的可行性。而且,长苞铁杉树干高大通直,材质优良,是很有发展前途的用材树种。此外,长苞铁杉林的水源涵养能力强，接近于常绿阔叶林（钟祥顺，1999）。在生长速度方面，与其他针叶树种相比较，长苞铁杉进入成年期后生长速度较快，每年胸径增加可达 1.8 cm（林金星等，1995），因此在生态恢复和造林中可以在较短的时间内取得成效。

Cairns（1995）认为，生态恢复是使受损生态系统的结构和功能恢复到受干扰前状态的过程。但是，现实中由于缺乏对生态系统的了解、恢复时间有限、关键种的消失、费用不足等因素，这种理想状态很难实现。Diamond（1987）认为生态恢复就是再造一个自然群落或再造一个自我维持，并保持后代具有持续性的群落。然而为实现构建自我维持并保持后代具有持续性的群落的目的必须首先了解该群落在天然状态时更新与扩散的内在机理及建群种的生物学、生理学和生态学特性（沈国舫，2001）。揭示长苞铁杉自然更新过程的内在机理是在退化山地重建长苞铁杉林的重要基础。目前对长苞铁杉已开展的工作有植物分类学（邹惠渝和张凤春，1996）、种群分布格局（吴承祯等，2000a；吴继林，2001）、种群生命表分析（吴承祯，2000b）、优势度增长规律（吴承祯，2004）、种群个体年龄与胸径的多维模型（吴承祯和洪伟，2002）、种群空间分布（吴继林，1999）、群落种间竞争（吴承祯，2001）和群落结构（郑凌峰，2000；王建林，2002）等，这些工作主要侧重在纯理论方面的探讨。本课题拟采用野外定位观测、群落调查、大棚模拟和室内分析相结合的方法，从长苞铁杉种子雨动态、不同群落类型样地中长苞铁杉幼苗建立、林窗大小及位置对长苞铁杉幼苗建立的影响、长苞铁杉幼树在不同大小林窗中的形态与生理差异、光照强度对幼苗更新的影响、不同光强下水分胁迫对长苞铁杉幼苗的作用、菌根接种对长苞铁杉幼苗更新影响以及长苞铁杉在森林火烧迹地的建立等多个角度对长苞铁杉的天然更新过程与扩散格局及生态因子对长苞铁杉生活史各阶段的影响进行研究，进而探讨长苞铁杉林形成与自我维持机理，并以此指导中亚热带退化山地长苞铁杉造林实践。

第二章 材料与方法

2.1 样地介绍

福建省天宝岩国家级保护区位于福建省永安市东部，地理坐标在东经117°31′～117°33.5′，北纬25°5′～25°58′，总面积约1 976.5 hm^2。本区气候属亚热带季风气候型，四季分明，水热条件优越。根据永安市气象站资料，保护区平均气温15 ℃，最冷月(1月)平均温度5 ℃，最热月(7月)平均温度23 ℃，绝对最低温－11 ℃，绝对最高温40 ℃，无霜期290天左右，平均年降水量2 000 mm，全年大于10 ℃的活动积温在4 520 ℃～5 800 ℃，持续天数为225～250天。空气相对湿度较大，各月平均在80%左右。保护区的山体为戴云山余脉，属中低山地貌，海拔高680 m～1 604.8 m，区内大部分面积为砾岩和石灰砂所覆盖，土层较薄，自然生态条件比较脆弱，遭破坏后不易恢复，土壤的垂直带谱大致是海拔800 m以上为红壤，800 m～1 350 m为黄红壤，1 350 m以上为黄壤，山势陡，土壤呈酸性。保护区内植物种类繁多，古老珍稀植物丰富。

本研究的野外工作主要在以下7种群落类型中开展：其中，长苞铁杉种子雨的时空格局研究在长苞铁杉－扁枝越橘－延羽卵果蕨群丛、长苞铁杉＋甜槠－华鼠刺－华里白群丛和长苞铁杉＋毛竹－八瓣糙果茶－戟叶蓼群丛内进行；群落类型对长苞铁杉幼苗建立影响研究在长苞铁杉

—扁枝越橘—延羽卵果蕨群丛、长苞铁杉+猴头杜鹃—光叶铁仔—狗脊群丛、长苞铁杉+甜槠—华鼠刺—华里白群丛、长苞铁杉+毛竹—八瓣糙果茶—戟叶蓼群丛和毛竹—八瓣糙果茶—戟叶蓼群丛内进行;林窗面积与同一林窗内不同位置对长苞铁杉幼苗建立的影响研究在长苞铁杉—扁枝越橘—延羽卵果蕨群丛内进行;林窗与全光环境对长苞铁杉幼树的影响研究在长苞铁杉—扁枝越橘—延羽卵果蕨群丛和长苞铁杉+木荷—映山红—芒萁群丛内进行;长苞铁杉在火烧迹地的建立研究在刺芒野古草群丛和长苞铁杉+木荷—映山红—芒萁群丛内进行。

(1)长苞铁杉—扁枝越橘—延羽卵果蕨群丛

样地位于天宝岩顶峰附近,海拔1 300 m,群落乔木层可以分为两个亚层,第一亚层全部由长苞铁杉(*Tsuga longibracteata*)组成,天然更新良好,年龄结构呈金字塔形。第二亚层种类丰富,层次不明显,有猴头杜鹃(*Rhododendron simiarum*)、新木姜(*Neolitsea aurata*)、香桂(*Cinnamomum subavenium*)、细叶青冈(*Cyclobalanopsis myrsinaefolia*)、深山含笑(*Michelia maudiae*)等许多乔木树种的小树,灌木层以扁枝越桔(*Hugeria ovalinioides*)占优势,常见者有百两金(*Ardisia crispa*)、光叶铁仔(*Myrsine stelnifera*)、石斑木(*Rhaphiolepis indica*)、连蕊茶(*Camellia fraternal*)等灌木种类及猴头杜鹃、木荷(*Schima superba*)、榄叶石栎(*Lithocarpus oleaefoli-*

us)、深山含笑、细叶青冈等树种的幼树和幼苗，草本植物以延羽卵果蕨(*Phegopteris decursivepinnata*)稍占优势，常见者还有华里白(*Hicriopteris chinensis*)、狗脊(*Woodwardia japonica*)等。以下简称长苞铁杉纯林或者纯林。

(2)长苞铁杉+猴头杜鹃—光叶铁仔—狗脊群丛

样地位于天宝岩附近，海拔1 300 m，林地土壤为黄红壤。土层厚0.5 m～0.8 m，表土层为壤质黏土、多孔隙。群落总盖度约95%。在4个100 m^2 面积的样地中共有乔木10种，其中第一亚层全部由长苞铁杉组成，第二亚层主要由猴头杜鹃(*Rhododendron simiarum*)组成，林内有较多的厚叶红淡比(*Cleyere pachyphylla*)、大萼红淡(*Adinandra glischroloma*)的小树，外貌整齐，层次简单。灌木层以光叶铁仔(*Myrsine stelnifera*)为主，还有朱砂根(*Ardisia crenata*)、香桂(*Cinnamomum subavenium*)、窄基红褐柃(*Eurya rubiginosa* var. *attenuata*)等。草本层稀疏，以狗脊(*Woodwardia japonica*)居多数，另有延羽卵果蕨(*Phegopteris decursivepinnata*)、鹿蹄草(*Pyrola calliantha*)等。以下简称长苞铁杉猴头杜鹃混交林或者猴混。

(3)长苞铁杉+甜槠—华鼠刺—华里白群丛

样地位于天宝岩哨所附近，海拔960 m，林地土壤为山地黄红壤。土层较厚，表土层为壤质黏土、多孔隙。群落郁闭，总盖度约95%，层次丰富。在4个100 m^2 面积的样地中仅有乔木4种、立木43株,其中第一亚层主要由长苞铁杉、甜槠(*Castanopsis eryei*)和红楠(*Machilus thunbergii*)组成。乔木第二、三层伴生有木荷(*Schima superba*)、杉木(*Cunninghamia lanceolata*)和树参(*Dendropanax dentiger*)。灌木层以华鼠刺(*Itea chinensis*)为主,还有山苍子(*Litsea cubeba*)、小叶赤楠(*Syzygium grijsii*)、草珊瑚(*Sarcandra glabra*)、百两金(*Ardisia crispa*)、刺叶野樱(*Prunus spinolosa*)及少叶黄杞(*Engelhardtia fenzelii*)、南岭栲(*Castanopsis fordii*)、牛耳枫(*Daphniphyllum calycinum*)、山杜英(*Elaeocarpus sylvestris*)、香桂、鸡爪槭(*Acer palmatum*)等的苗木。草本层以华里白(*Hicriopteris chinensis*)占优势,另有少量狗脊(*Woodwardia japonica*)、淡竹叶(*Lophatherum acile*)、杏香兔儿风(*Ainsliaea fragrans*)。以下简称长苞铁杉阔叶树混交林或者阔混。

(4)长苞铁杉+毛竹-八瓣糙果茶-戟叶蓼群丛

样地位于天宝岩哨所附近,海拔960 m。林地土壤为花岗岩风化发育的山地红壤,表土层厚0.5m~1.1 m。乔木第1亚层由长苞铁杉和柳杉(*Cryptomeria fortunei*)组成,乔木第2亚层主要由毛竹(*Phyllostachys heterocycla*)组成,还有较多的黄绒润楠(*Machilus grijsii*)、丝栗栲(*Castanopsis fargesii*)、青冈(*Cyclobalanopsis glauca*)、拟赤杨(*Alniphyllum fortunei*)的幼树。林内灌木层植物种类较多，高度参差不齐，以八瓣糙果茶（*Camellia latilimba*）占优势，其他种类有箬竹（*Indocalamus tessellates*）、小叶赤楠（*Syzygium grijsii*）、细齿叶柃（*Eurya nitida*）、冬青（*Ilex purpurea*）等和木荷（*Schima superba*）、山乌桕（*Sapium discolor*）、黄绒润楠（*Machilus grijsii*）、丝栗栲、南方红豆杉（*Taxus wallechi* var. *mairei*）、甜槠等的苗木，草本层以戟叶蓼（*Polygonum thunbergii*）占优势，常见的物种这有芒萁（*Dicranopteris pedata*）、华里白（*Hicriopteris chinensis*）等。以下简称长苞铁杉毛竹混交林或者毛混。

(5)毛竹－八瓣糙果茶－戟叶蓼群丛

样地位于天宝岩哨所附近，海拔 900 m。林地土壤为花岗岩风化发育的山地红壤，表土层厚 0.5 m～1.1 m。在100 m^2的样方中有毛竹 35 株，平均高度 8.6 m，平均胸径9.5 cm，有枫香（*Liquidambar formosana*）1 株，乔木层还有较多的黄绒润楠、丝栗栲、青冈、拟赤杨的幼树。林内灌木层植物种类较多，高度参差不齐，均高为 90 cm，以八瓣糙果茶占优势，在 100 m^2 的样方中有 6 丛。其他种类有箬竹、小叶赤楠、细齿叶柃、毛冬青（*Ilex pubescens*）等和木荷（*Schima superba*）、山乌桕、黄绒润楠、丝栗栲、南方红豆杉、甜槠等的苗木，草本层以戟叶蓼占优势，平均高度 50 cm，常见的种有芒萁、华里白、芒（*Miscanthus sinensis*）、淡竹叶等。以下简称毛竹林或者竹林。

(6)长苞铁杉+木荷-映山红-芒萁群丛

主要分布在天宝岩的山体上部及顶部,海拔1 350 m,土壤为山地黄壤,群落类型为长苞铁杉+木荷-映山红-芒萁群丛,外貌不整齐,群落总盖度为40%~70%,灌木层高度50 cm~100 cm,为森林火灾恢复迹地,乔木层以长苞铁杉、木荷幼树为主,灌木层以映山红(*Rhododendron simisii*)为主,常见的种类有小果南烛(*Lyonia ovalifolia*)、细齿叶柃、满山红(*Rhododendron mariesii*)、波叶红果树(*Stranvaeia davidiana*)等,草本层以芒萁为主,常见的种类有五岭龙胆(*Gentina davidii*)、星宿菜(*Lysimachia fortunei*)、小二仙草(*Haloragis micrantha*)等。

(7)刺芒野古草群丛

分布在清水管理站附近,海拔为820 m左右,土壤为山地黄红壤,土层瘠薄,调查时色泽枯黄,群落总盖度40%,群落中散见灌木,种类有小果南烛、细齿叶柃、乌饭树(*Vaccinium bracteatum*)、长叶冻绿(*Rhamnus crenata*),草本层以刺芒野古草(*Arundinella setosa*)为主,高度1m,常见的种类有垂穗石松(*Palhinhaea cernua*)、星宿菜、圆叶节节菜(*Rotala rotundifolia*)、一枝黄花(*Solidago decurrens*)等。

2.2 实验方法

2.2.1 长苞铁杉种子的输入

2.2.1.1 长苞铁杉种子输入的时间格局

实验样地设置在长苞铁杉毛竹混交林中，于 2003 年、2004 年连续两年在林冠下随机安置 75 个面积为1 m^2，网眼0.2 mm的圆形种子收集器。种子雨收集器的制作和安置标准如下：用直径为 5 mm 的铁丝作框架，形成面积为 1 m^2的圆形收集筐，框的部分用 4 根木棍做支架，用来支撑尼龙网，框内尼龙网放松降低，使网底和地面距离保持在 60 cm 以上。种子数量仅统计成熟完好种子。在种子雨开始后，每天调查收集器内种子数量，直到种子雨结束。

2.2.1.2 长苞铁杉种子输入的年度动态

实验样地设置在长苞铁杉纯林、长苞铁杉毛竹混交林和长苞铁杉阔叶树混交林中，于 2003 年和 2004 年连续两年在以上三种群落类型样地中随机安置 10 个面积为 1 m^2、网眼 0.2 mm 的圆形种子收集器。种子雨收集器的制作和安置标准与种子划分同上。在种子雨开始后，每 10 天调查收集器内种子数量，直到种子雨结束。计算各样地平均种子输入密度。

2.2.1.3 长苞铁杉种子雨输入在树冠下的空间格局

实验样地设置在长苞铁杉孤立木下。选定 3 株长苞铁杉孤立木，于 2004 年在长苞铁杉树冠下东西南北方向距离树干 2 m、4 m、6 m、8 m、10 m、12 m 安置面积为 1 m^2、网眼0.2 mm的圆形种子收集器。种子雨收集器的制作和安置标准与种子划分同上。在种子雨开始后，每 10 天调查收集器内种子数量，直到种子雨结束。计算各筐种子输入密度。采用二项式分布对结果进行拟合。

2.2.1.4 长苞铁杉种子扩散格局

实验样地设置在长苞铁杉孤立木下。选定 3 株长苞铁杉孤立木，于 2003 年、2004 年连续两年在长苞铁杉林冠外往东南方向距离林冠 5 m、10 m、15 m、20 m、25 m、30 m、35 m、40 m、45 m、50 m 处安置面积为 1 m^2、网眼 0.2 mm的圆形种子收集器。种子雨收集器的制作和安置标准与种子划分同上。在种子雨开始后，每 10 天调查收集器内种子数量，直到种子雨结束。计算各筐种子输入密度。

2.2.1.5 气象因子获取

从保护区所在地永安市气象局获得有关种子掉落期间的气象资料，包括气温、雨量、湿度、风速和日照时数等。运用逐步回归方法分析种子输入量与气象因子的相关性。

2.2.1.6 数据处理

方差分析、相关分析和逐步回归方法采用 SPSS11.0 For Windows，图表制作采用 Microsoft Excel。

2.2.2 长苞铁杉在不同群落中的幼苗建立过程实验

2.2.2.1 种子埋藏实验

在长苞铁杉种子成熟掉落时收集当年生长苞铁杉成熟饱满种子，在2003年和2004年12月两次开展长苞铁杉种子的埋藏实验。选择无人为干扰区域，分为6种群落类型：长苞铁杉纯林、长苞铁杉猴头杜鹃混交林、长苞铁杉毛竹混交林、长苞铁杉阔叶混交林和毛竹林开展种子埋藏实验。在每种群落类型中随机选择6个小样地。小样地为正方形，边长0.5 m，先去除各小样地内原有的长苞铁杉种子，模拟自然种子掉落，在地表埋藏入50粒种子。

2.2.2.2 不同群落类型中样地环境因子的测定

不同群落样地凋落物厚度测定采用土壤剖面测量法。

不同群落样地光照强度(PFI)的测定：2003年10月中旬，选择晴天11时～13时，同时用两台同型号(YD-1A型)照度计分别测量群落内外光照强度。群落内测量离地面1 m高度处光照强度，在每个0.5 m×0.5 m小样内随机测量5点。以下公式计算不同群落中的相对光照强度(PFI)。

$$PFI=(\text{样地光强均值}\times 100\%)/\text{林外光强均值}$$

2.2.2.3 种子成苗观察

用铝片对小样地的每株长苞铁杉幼苗进行定位标记，从第二年2月初～第三年1月底，每15天统计各小样地种子成苗率、幼苗存活数、幼苗死亡数及其原因、存活幼苗的高度。

种子去向实验为在幼苗建立实验结束后，用小铲将各个小样地 5 cm 厚度的土壤全部挖出，清水冲洗，统计土壤中剩余种子数量及状况。

2.2.2.4 幼苗生物量测定

第三年 1 月底实验结束后，对小样地内存活幼苗进行收获，每株幼苗将分根、茎、叶在 105 ℃杀青 15 min 后于 85 ℃中烘干至恒重，测定各器官生物量。

2.2.2.5 数据处理

方差分析和相关分析方法采用 SPSS11.0 For Windows，图表制作采用 Microsoft Excel。

2.2.3 林窗过程对长苞铁杉更新影响实验

2.2.3.1 林窗大小对长苞铁杉幼苗建立的影响

在长苞铁杉种子成熟自然掉落时收集饱满成熟种子 1 200 粒，2003 年 12 月 25 日在大林窗(LG)、中林窗(MG)、小林窗(SG)中心和林冠下(FS)开展埋藏实验。

样地光照强度(PFI)的测定：2003 年 10 月中旬，选择晴天 11 时到 13 时，同时用两台同型号(YD-1A 型)照度计分别测量群落内外光照强度。群落内测量离地面 1 m 高度处光照强度，在每个 0.5 m×0.5 m 小样内随机测量 5 点。以下公式计算不同群落中的相对光照强度。

PFI=(样地光强均值×100%)/林外光强均值。

实验样地基本特征如表 2-1 所示。

表 2-1　研究林窗的基本特征

Tab. 2-1　Basic characteristics of experimental gap

样地名称	特征					
	形状	朝向	长轴(m)	短轴(m)	面积(m^2)	PFI(%)
大林窗(LG)	椭圆	西偏北 30°	15	10	118	23.7
中林窗(MG)	椭圆	西偏北 35°	10	11	86	18.0
小林窗(SG)	椭圆	北偏东 20°	6	4	20	10.3
林下(FS)	/	/	/	/	/	4.3

在大林窗(LG)、中林窗(MG)、小林窗(SG)中心各确定2.5 m×2.5 m 的样地,计 3 个样地。将样地系统地划分为 25 个 0.5 m×0.5 m 正方形小样方,随机在每个样地的 25 个小样方中选择 6 个小样方,同时以林冠下(FS)为对照,也随机确定 6 个 0.5 m×0.5 m 的小样方,计 24 个小样方进行种子埋藏实验。为排除凋落物层对长苞铁杉成苗的影响,埋藏实验的小样方内先去除凋落物,后去除原有的长苞铁杉种子,在土壤表面分别埋藏入 50 粒成熟饱满种子。

用铝片对小样方的每株长苞铁杉幼苗进行定位标记,

从 2004 年 2 月 8 日起至 2005 年 1 月 24 日，每 15 天统计各小样地种子成苗率、幼苗存活数、幼苗死亡数及其原因、存活幼苗的高度。

2005 年 1 月 24 日实验结束后，对小样地内存活幼苗进行收获，每株幼苗将分根、茎、叶在 85 ℃中烘干至恒重，测定各器官生物量。

2.2.3.2 **长苞铁杉幼苗在林窗不同位置中的建立**

在长苞铁杉种子成熟自然掉落时收集饱满成熟种子 1 200 粒，2003 年 12 月 25 日在大林窗(基本情况同上表 2-1 的 LG)不同位置开展种子埋藏实验。在大林窗内从中心出发沿着长轴到林窗边缘建立长为 7.5 m、宽为 2.5 m的样带，在将该样地中按照距离林窗中心的距离远近划分为 3 个实验样地：距离林窗中心 0～2.5 m 为林窗中心样地，距离林窗中心 2.5 m～5.0 m 为林窗中部样地，距离林窗中心5.0 m～7.5 m为林窗边缘样地。将样地系统地划分为 25 个 0.5 m×0.5 m 正方形小样方，随机在每个样地的 25 个小样方中选择 6 个小样方，同时以林冠下(FS)为对照，也随机确定 6 个 0.5 m×0.5 m 的小样方，计 24 个小样方进行种子埋藏实验。为排除凋落物层对长苞铁杉成苗的影响，埋藏实验的小样方内先去除凋落物，后去除原有的长苞铁杉种子，在土壤表面分别埋藏入 50 粒成熟饱满种子。

用铝片对小样方的每株长苞铁杉幼苗进行定位标记，

从 2004 年 2 月 8 日起至 2005 年 1 月 24 日，每 15 天统计各小样地种子成苗率、幼苗存活数、幼苗死亡数及其原因、存活幼苗的高度。

2005 年 1 月 24 日实验结束后，对小样地内存活幼苗进行收获，每株幼苗将分根、茎、叶在 85 ℃中烘干至恒重测定各器官生物量。

2.2.3.3 **林窗光照条件对幼树的影响**

1. 调查方法与供试材料

在长苞铁杉纯林林冠下、小林窗（<50 m^2）、中等大小林窗（50 m^2～100 m^2）和火灾后长苞铁杉幼树恢复迹地（代表全日照环境）中调查长苞铁杉幼树（2 cm<DBH<5 cm）的数量和生长状况。调查方法：林冠下环境和火灾恢复迹地采用样方法，样方为边长 10 m 的正方形，林窗环境则在整个林窗内进行调查，每种生境调查 3 个重复；在有幼树存在的生境中各取 5 株幼树（18～22 年生）进行详细分析。

2. 实验方法

用生长锥法在各生境中分别确定年龄 18～22 年生幼树的基径范围。选定幼树后，测定树高、胸径、枝下高，然后将幼树地上部分砍伐。幼树年龄通过查数树干基部年轮确定，测定幼树 1 级侧枝数量及各侧枝长度、1 级侧枝仰角、1 级侧枝密度、1 级侧枝上 2 级侧枝数、叶片密度和成熟叶平均长度。幼树地上部分形态指标的测定方法参考徐程扬(2001)。1级侧枝是着生于主干上的枝条,1级侧枝仰角是指1级侧枝基、梢连线与水平方向的夹角;1级侧枝密度是单位长度树干上着生的1级侧枝数量,2级侧枝则是着生于1级侧枝上的枝条,叶片密度是指单位长度2级侧枝上所着生的叶片数量;成熟叶平均长度为在每株幼树树冠中随机选择100片生长良好的成熟叶片,统计其平均长度。

对幼树分树干、1级侧枝、2级侧枝和叶片分别测定鲜重,采用典型抽样法取树干、1级侧枝、2级侧枝和叶片样品在80 ℃中烘干至恒重测定生物量,推算幼树各部分生物量和地上部分总生物量。

叶片常量元素测定选择树冠中部正南朝向生长良好的成熟叶片在80 ℃中烘干至恒重,后磨粉测定C、N、H、P、K、Ca、Mg元素含量;幼树叶的C、N、H含量采用元素分析仪(美国CE公司,型号EA1110)测定;P含量采用钼蓝比色法测定;K、Ca、Mg含量采用原子吸收分光光度计测定;上述指标的测定均做3个重复。

叶片生理指标测定时同样选择树冠中部生长良好的正南朝向的成熟叶片。光合色素含量采用Wellburn (1994)方法测定;丙二醛(MDA)含量采用Heath和Packer (1968)的方法测定;超氧化物歧化酶(SOD)活性采用王爱国等(1983)的方法测定;POD活性采用愈创木酚法(陈少裕, 1989);脯氨酸含量采用张殿忠等(1990)的方法测定。上述指标的测定均做 3 个重复。生理指标的测定过程详见 2.3 生理指标测定方法。

2.2.3.4 数据处理

方差分析、相关分析方法采用 SPSS11.0 For Windows，图表制作采用 Microsoft Excel。

2.2.4 环境因子对长苞铁杉更新的影响实验

2.2.4.1 光强对长苞铁杉幼苗的影响实验

1. 实验材料

长苞铁杉种子采自福建省永安天宝岩国家级自然保护区内天然长苞铁杉林，一千粒种子约重 10.92 g。实验样地在天然长苞铁杉林边的沟墩坪自然村（117°33′E 25°55′N，海拔 1 100 m）。实验土壤有机质含量 1.37%，全 N 含量为0.637 mg/g，总 P 含量为 0.228 mg/g，K 含量为 7.89 mg/g。于 2004 年 12 月 1 日在 100%、50%、25%、10%全日照环境 4 种光照条件开始育苗实验，遮阴棚高 2.0 m，面积 60 m^2。

2. 实验方法

出苗率实验采用苗床法，苗床为长方形（1.0 m×8.0 m）表面均匀撒入约 50 kg 天然菌根土，每苗床埋入 800 粒高锰酸钾消毒后成熟的饱满种子，每处理设置 6 个重复，用铝片对苗床每株长苞铁杉幼苗进行定位标记，从 2005 年 2 月 8 日起每 3 天统计各小样地种子出苗数至无新幼苗发生，统计各光照处理下种子出苗率。幼苗生长过程中不施肥，定期除草，保持适宜土壤水分（约 22%）。2006 年 1 月 10 日实验结束时，统计各苗床幼苗的存活数，计算各光照处理下的幼苗存活率。

3. 测定指标

生物量测定：2006 年 1 月 10 日实验结束后对存活幼苗进行收获，各光照处理中随机选择 50 株幼苗，分根、茎、叶在 80 ℃中烘干至恒重，测定各器官生物量。

根、茎、叶常量元素测定：样品在 80 ℃中烘干至恒重，后磨粉测定 C、N、H、P、K、Ca、Mg 元素含量；其中，样品的 C、N、H 含量采用元素分析仪（美国 CE 公司，型号 EA1110）测定；P 含量采用钼蓝比色法测定；K、Ca、Mg 含量采用原子吸收分光光度计测定；上述指标的测定均做 3 个重复。

生理指标测定时采集幼苗第 2～4 对（从上往下数）生长良好的叶片进行。光合色素含量采用 Wellburn (1994) 方法测定；丙二醛（MDA）含量采用 Heath 和 Packer (1968) 的方法测定；超氧化物歧化酶（SOD）活性采用王爱国等（1983）的方法测定；POD 活性采用愈创木酚法（陈少裕，1989）；脯氨酸含量采用张殿忠等（1990）的方法测定。上述指标的测定均做 3 个重复。生理指标的测定过程详见 2.3 生理指标测定方法。

2.2.4.2 不同光强下土壤水分胁迫对长苞铁杉幼苗的影响实验

1. 实验材料

长苞铁杉种子采自福建省天宝岩国家级自然保护区内天然长苞铁杉林，实验样地在天然长苞铁杉林边的沟墩坪自然村(117°33′E 25°55′N，海拔 1 100 m)。2004 年 12 月 1 日在光照为 50％全日照的遮阴大棚内开始育苗。2005 年 9 月份选长势基本一致的幼苗移栽入塑料盆(30 cm×15 cm)中，并放入全日照环境、50％日照、25％日照、10％日照遮阴棚等 4 种光照条件。每种光照条件设 4 个水分梯度，每梯度 6 个重复计 96 盆，每盆 6 株幼苗。供试土壤采用黄壤，土壤风干后过 4 mm 筛，装于盆中，每盆装干土 4 kg。

2. 水分胁迫处理

幼苗在盆中适应 10 天后，开始处理。土壤含水量设为：30％、25％、20％、15％4 个梯度，其中土壤含水量 30％代表重度土壤过湿，土壤含水量 25％代表轻度土壤过湿，土壤含水量 20％代表适宜土壤水分(CK)，土壤含水量 15％代表干旱胁迫，处理时间为 30 天。采用称重法监控土壤含水量。每天下午 6 点称重，补充挥发的水分，采用烘干法监控土壤含水量。

3. 测定指标

实验结束后统计各盆幼苗的存活数，计算各处理条件下的幼苗存活率。生理指标测定时采集幼苗第 2～4 对(从上往下数)生长良好的叶片进行。光合色素含量采用 Wellburn (1994)方法测定;丙二醛(MDA)含量采用赵世杰等(1994)的方法测定;超氧化物歧化酶(SOD)活性采用王爱国等(1983)的方法测定;POD 活性采用愈创木酚法(陈少裕，1989)测定;脯氨酸含量采用张殿忠等(1990)的方法测定;上述指标的测定均做 3 个重复。生理指标的测定过程详见 2.3 生理指标测定方法。

2.2.4.3 菌根对长苞铁杉种子萌发和幼苗生长的影响实验

1. 实验树种及种子处理

选择籽粒饱满的自然掉落长苞铁杉种子,流水冲洗,然后用 75%乙醇表面消毒 1 min 后播种。

2. 土壤条件及处理

供试土壤为农田土壤。土壤的养分状况为:土壤 pH 4.25,全 N 含量为 0.637 mg/g,总 P 含量为 0.228 mg/g, K 含量为 7.89 mg/g。土壤整细,用甲醛水溶液浇灌,甲醛按1∶50用水稀释,用量为 6 kg/m^2,施药后用塑料薄膜覆盖 3 昼夜后,揭膜摊凉、翻土,7 天后使用。接种用的菌根土为从天然长苞铁杉林地内获取富含菌根的根际土壤,混匀后阴干备用。

3. 实验设计

设置接种处理(80%农田土壤掺入 20%天然菌根土)

和对照(单纯用农田土壤),各处理均做 6 个重复,计 12 个苗床。苗床采用 0.5 m×0.5 m 正方形的木质抽屉架空作成,土层厚约 10 cm,每个苗床内播种 50 粒长苞铁杉种子,随机排列于光照 50%的遮阳棚内。

4. 实验区管理

苗床不施肥,任其自然生长,定期除草、浇水。

5. 观察、取样及统计分析

长苞铁杉种子萌发后,对每株幼苗进行标记,每 3 天统计各苗床的种子萌发率至无新幼苗发生,后每 15 天观察各苗床中长苞铁杉幼苗存活数量和各幼苗高度。在幼苗生长约 9 个月时(2006 年 1 月)取样,收获各苗床全部幼苗,分别测定菌根感染率、生物量、苗高、主根长以及植株的地上部分、地下部分 N、P、K 养分含量等指标。

用目测法测定菌根侵染率,根据具有菌根的幼苗根数占总抽取根数的百分比来测定菌根侵染率,以确定菌根化程度。

6. 数据处理

单因素方差分析方法采用 SPSS11.0 For Windows,图表制作采用 Microsoft Excel。

2.2.4.4 火干扰对长苞铁杉更新的影响实验

1. 长苞铁杉幼苗在模拟林火干扰迹地中的建立

在 2004 年 12 月开展长苞铁杉种子的埋藏实验。在退化林地选择无人为干扰区域，分为3种处理：模拟林火干扰（按照炼山标准处理，火烧面积25 m×25 m正方形）、人工刈割杂草（面积5 m×5 m正方形）和直接埋藏开展种子埋藏实验。在每种处理中随机选择6个小样地。小样地为正方形，边长0.5 m，先去除各小样地内的原有的长苞铁杉种子，模拟自然种子掉落，在土壤表层埋藏入50粒成熟饱满种子。

用铝片对小样地的每株长苞铁杉幼苗进行定位标记。从第二年2月初～第三年1月底，每15天统计各小样地种子成苗率、幼苗存活数、幼苗死亡数及其原因、存活幼苗的高度。

2. 长苞铁杉在火灾迹地中的更新

2005年10月在选择林火干扰后单株长苞铁杉母树更新样地，开展长苞铁杉在火灾迹地中的更新调查。调查方法为：由母树为原点，以正南方向为中心线建立60°的扇形样带，以距离母树每5 m为单位调查样内长苞铁杉幼苗和幼树的数量、高度和基径至无长苞铁杉植株分布，计算各样内长苞铁杉植株的分布密度（株/m^2）、平均高度和平均基径。

3. 数据处理

单因素方差分析采用SPSS11.0 For Windows，多项式拟合和图表制作采用Microsoft Excel。

2.3 生理指标测定方法

2.3.1 光合色素含量的测定

选取自顶端下数第2～4片成熟叶，去除中脉剪碎混匀称取0.1 g叶片，放入80%丙酮抽提液10 mL中浸泡，定期震荡，至叶片无色。分别测抽提液在663 nm、645 nm和445 nm的*OD*值。根据以下公式计算叶绿素含量：

$C_a = 12.7 \times OD_{663} - 2.69 \times OD_{645}$，

$C_b = 22.9 \times OD_{645} - 4.86 \times OD_{663}$，

$C_{a+b} = 8.02 \times OD_{663} + 20.20 \times OD_{645}$，

叶绿体色素的含量＝

$$\frac{\text{色素的浓度} \times \text{提取液体积} \times \text{稀释倍数}}{\text{样品鲜重(或干重)}} (\text{mg/g})，$$

类胡萝卜素的含量：$C_k = 4.7 \times OD_{445} - 0.27 \times C_{a+b}$。

（*C*为叶绿素浓度，以μg/mL表示）

2.3.2 MDA含量测定

选取顶端下数第2～4片成熟叶，去除中脉剪碎混匀称取0.5 g样品，加入2 mL 10%TCA和少量石英砂，研磨至匀浆；再加10%TCA至终体积4mL，匀浆在4 000 r/min离心10 min。取上清液2 mL（对照2mL H_2O），加入2 mL 0.6%TBA混匀，混合物于沸水浴中煮沸15min，迅速冷却后在4 000 rpm，4 ℃，离心20min。取上清液（对照为参加)，测定 OD_{532}、OD_{600} 和 OD_{450}。根据以下公式计算 MDA 的含量：

$$C=6.45(OD_{532}-OD_{600})-0.56OD_{450}\ (\mu mol/L)$$

$$MDA\ 含量=\frac{C\times 提取液升数(4mL)}{鲜重(g)}\ (\mu mol/gFW)$$

2.3.3 超氧化物歧化酶(SOD)活性的测定

2.3.3.1 酶液提取

选取顶端下数第 2～4 片成熟叶，去除中脉剪碎混匀称取 0.5 g，于冰浴中的研钵中，加 1 mL 预冷的 50 mmol·L^{-1} PBS(含 1%聚乙烯吡咯烷酮)，研磨成浆，加 PBS 使终体积为 5 mL。取 1.2 mL 于 4 ℃ 10 000 r/min 下离心 20 min，上清液即为 SOD 粗提液。

2.3.3.2 活性测定

选取透明度好、质地相同的 15 mm×150 mm 试管，取 4 支为对照，按下表加入反应体系。混匀后，一支对照管避光放置。另 3 支与其他各管同时置于 4 000 lx 日光灯下反应20 min(要求各管照光情况一致，反应温度控制在 25 ℃左右)。反应体系组成如表 2-2 所示：

表 2-2 SOD 活性测定反应体系

Tab. 2-2 The composing of reaction system of SOD activity mensurating

试剂(酶)	用量(mL)	终浓度/比色时
0.0625 mol · L^{-1}PBS	1.5	
130mmol · L^{-1} Met	0.3	13mmol
750μmol · L^{-1} NBT	0.3	75μmol
100μmol · L^{-1} EDTA－Na_2	0.3	10μmol
20μmol · L^{-1}核黄素	0.3	2.0μmol
蒸馏水	0.25	
酶液	0.02～0.1(对照管以缓冲液代替)	

2.3.3.3 计算

反应结束后,用黑布罩于以上试管,终止反应。以避光的对照管作为空白,分别在 560 nm 波长下测定各管的吸光度,计算 SOD 活性。SOD 活性单位以抑制 NBT 光化还原的 50%为一个酶活性单位(u)。

SOD 总活性＝$[(A_{ck}-A_E)\times V]/(0.5\times A_{ck}\times W\times V_t)$

SOD 总活性——每克鲜重含酶单位数,u · g^{-1};

A_{ck}——照光对照管的吸光度;

A_E——样品管的吸光度;

V——样品液总体积，mL；

V_t——测定时样品用量，mL；

W——样品鲜重，g。

2.3.4 过氧化物酶(POD)活性的测定

2.3.4.1 酶液制备：同 SOD 酶液

2.3.4.2 过氧化物酶活性测定

PBS(PH 7.0，0.1 mol·L^{-1})100 mL＋0.2483 g 愈创木酚→现配 0.02 mol·L^{-1} 愈创木酚 3 mL 混合液＋20 μL～600 μL 酶液混匀，25 ℃，放置 3 min～5 min。反应前加 20 μL 2% H_2O_2 启动反应。每 10 s 记录一次，大约记 3 min。

2.3.4.3 结果计算

以每分钟内 A_{470} 变化 0.01 为 1 个 POD 活性单位(u)

$$POD\ 活性=\frac{\Delta A_{470}\times V_T}{W\times V_S\times t}[\mathrm{u/(g\cdot min)}]$$

ΔA_{470}——反应时间内吸光度的变化；

W——材料鲜重，g；

t——反应时间，min；

V_T——提取液酶总体积，mL；

V_S——测定时取用酶液体积，mL。

2.3.5 脯氨酸(Pro)含量测定

2.3.5.1 标准曲线制作

(1) 取 7 支具塞刻度试管按表 2-3 加入各试剂。混匀后加玻璃球塞，在沸水中加热 40 min。

表 2-3　Pro 标准曲线制作表

Tab. 2-3　The standard curve of pro mensurating

试管号	0	1	2	3	4	5	6
脯氨酸标准溶液/mL	0	0.2	0.4	0.8	1.2	1.6	2.0
水/mL	2.0	1.6	1.2	0.8	0.4	0.2	0
冰乙酸/mL	2	2	2	2	2	2	2
茚三酮显色液/mL	3	3	3	3	3	3	3
脯氨酸含量/mL	0	2	4	8	12	16	20

(2) 取出冷却后向各管加入 5 mL 甲苯充分振荡，以萃取红色物质。静置，待分层后吸取甲苯层，以 0 号管为对照在波长 520 nm 下比色。

(3)以消光值为纵坐标，以脯氨酸含量为横坐标，绘制标准曲线，求线性回归方程。

2.3.5.2 **样品测定**

取不同的剪碎混匀叶片 0.3 g～0.5 g，分别置于大试管中，加入 5 mL 3%磺基水杨酸溶液，管口加盖玻璃球，于沸水浴中浸提 10 min。取出试管，待冷却至室温后，吸取上清液 2 mL，加 2 mL 冰乙酸和 3 mL 显色液，于沸水浴中加热40 min。下步操作按标准曲线制作方法进行甲苯萃取和比色。

2.3.5.3 **结果计算**

从标准曲线中查出测定液中脯氨酸浓度，按下式计算样品中脯氨酸含量。

脯氨酸含量 $y=(C \cdot V) \cdot (a \cdot W)^{-1}$

C——提取液中脯氨酸含量(由标准曲线求得)，μg；

V——提取液总体积，mL；

a——测定时所吸取的体积，mL；

W——样品重，g；

y——脯氨酸含量(干重或鲜重)，μg/g。

第三章 结果与讨论

The natural regeneration ecology of *Tsuga longibracteata*

3.1 长苞铁杉种子的输入

3.1.1 长苞铁杉种子雨输入的动态过程

图 3-1 为长苞铁杉种子雨输入密度的时间动态图。由图 3-1 可见,2003 与 2004 年度,长苞铁杉种子雨发生在 11 月上旬,结束于 12 月下旬,持续时间约 50 天。以 10 天(旬)作为衡量种群种子雨量高峰期具有实际生产意义,长苞铁杉种子雨输入的高峰在 2003 年与 2004 年一致,均在 11 月下旬。

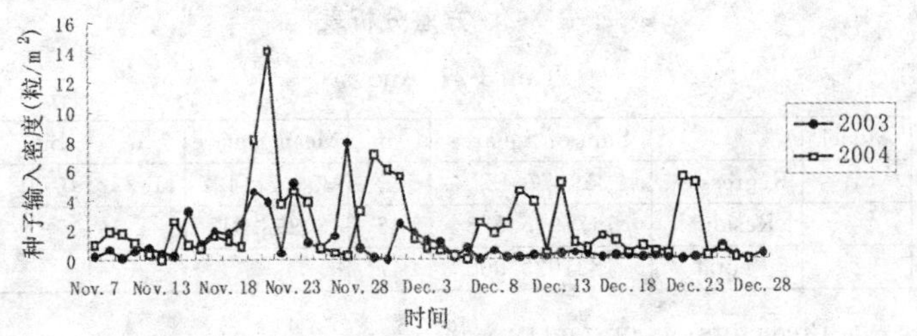

图 3-1　长苞铁杉种子雨输入密度的时间动态

Fig. 3-1　Temporal dynamic of *Tsuga longibracteata* seed input

2004 年长苞铁杉种子雨日输入密度与气象因子的逐步回归分析结果如下表 3-1～表 3-4 所示。由表可见,降水量、气温、风速和日照时数等气象因子对种子雨的日输入密度有一定的影响,但并不显著,这 4 个因子被剔除出多元回归方程；湿度对种子雨日输入密度有显著影响($R=0.443$，$P<0.05$)，种子雨输入密度与湿度的回归方程为 $y=337.903-273.5x$(公式中，x 为空气相对湿度，y 为种子雨输入密度)。2003 年种子雨日输入密度与气象因子的关系的分析结果与以上结论是一致的。

表 3-1　模型汇总表

Tab. 3-1 Model Summary

Model	R	R Square	Adjusted R Square	Std. Error of the Estimate
1	0.443	0.196	0.179	178.88213

a Predictors：(Constant)，湿度

表 3-2　方差分析表

Tab. 3-2　Anova

Model		Sum of Squares	df	Mean Square	F	Sig.
1	Regression	359077.422	1	359077.422	11.222	0.002
	Residual	1471945.578	46	31998.817		
	Total	1831023.000	47			

a Predictors：(Constant)，湿度

b Dependent Variable：种子数

表 3-3　回归系数

Tab. 3-3　Coefficients

Model	Unstandardized Coefficients		Standardized Coefficients	t	Sig.
	B	Std. Error	Beta		
(Constant)	337.903	102.029		3.312	0.001
湿度	−273.5	1.243	−0.243	−2.200	0.031

a Dependent Variable：种子数

表 3-4　剔除的变量

Tab. 3-4 Excluded Variables

Model	Beta In	t	Sig.	Partial Correlation	Collinearity Statistics Tolerance
降水量	−0.122	−0.891	0.378	−0.132	0.937
气温	−0.103	−0.762	0.450	−0.113	0.959
风速	−0.062	−0.442	0.661	−0.066	0.912
日照时数	0.250	1.396	0.169	0.204	0.533

a Predictors in the Model：(Constant)，湿度

b Dependent Variable：种子数

3.1.2 长苞铁杉种子输入的年度动态

图 3-2 为不同群落中长苞铁杉种子输入的年度动态。由图 3-2 可见，不同群落中长苞铁杉种子的输入量均存在极显著的年度波动($P<0.01$)，如在长苞铁杉毛竹混交林中，2003 年种子的输入量是 15.1 粒/m^2，2004 年为

73.9 粒/m^2。可见，长苞铁杉种子结实存在明显的大小年现象。Silvertown(1980)发现，在北美树种中，大多数以非肉质果实散布种子的物种都具有大小年现象。大小年现象对森林木本植物的更新具有重要的意义，大小年现象可以防止取食动物消耗树木的全部种子，因此种子在大年可以有部分数量逃避取食实现萌发(Silvertown, 2001)。我们认为长苞铁杉大小年现象可能与逃避松鼠类动物的取食有关。

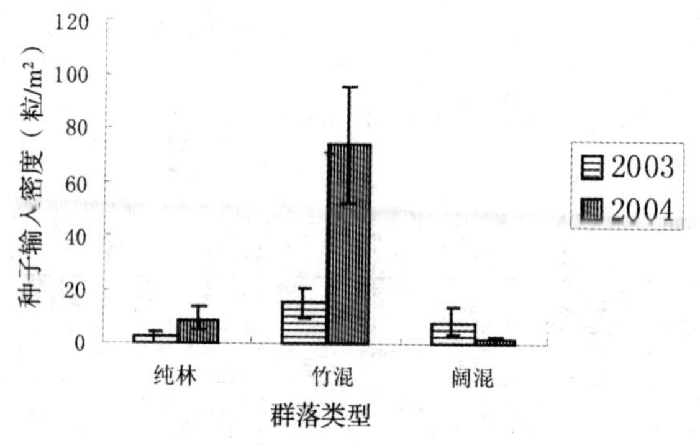

图 3-2　不同群落中长苞铁杉种子输入的年度动态

Fig. 3-2　Annual dynamic of *Tsuga longibracteata* seed input in different community

3.1.3 长苞铁杉种子雨输入在树冠下的空间分布格局

为了避免其他长苞铁杉植株的影响，长苞铁杉种子雨输入在树冠下的空间格局实验选在长苞铁杉孤立木树冠下进行。图 3-3 为长苞铁杉种子雨输入在树冠下的空间格局。由图 3-3 可见，3 株长苞铁杉孤立木的种子雨在树冠下的总输入密度均有先升后降的趋势。对于研究的 3 株孤立木，其树冠下种子雨分布格局符合二项式分布，具有很高的决定系数（$0.76 < R^2 < 0.90$）。方差分析显示，长苞铁杉种子雨在树冠下东、西、南、北 4 个方向的输入密度没有显著的差异（$P > 0.05$）。

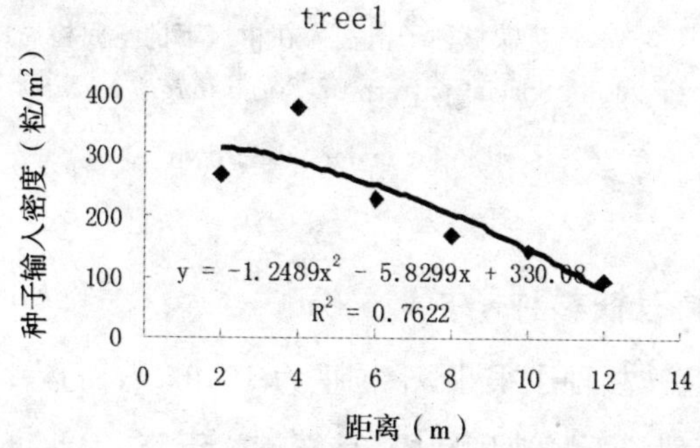

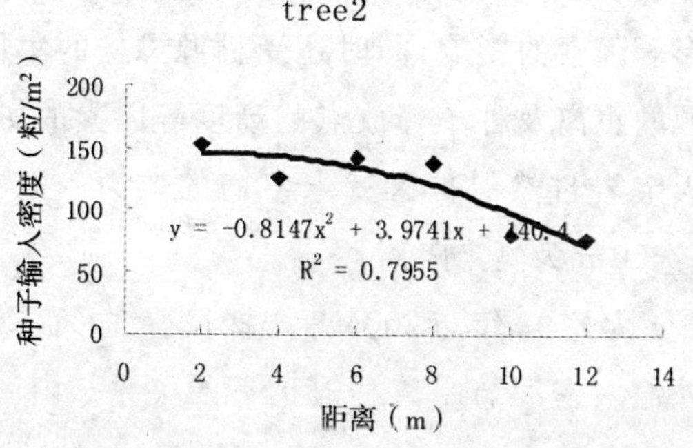

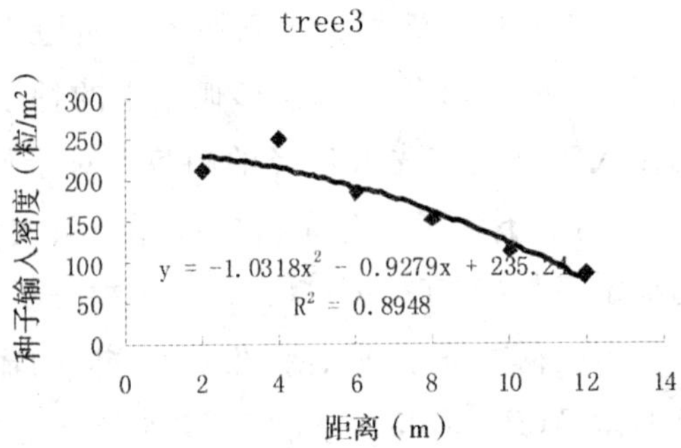

图 3-3　长苞铁杉种子雨输入在树冠下的空间格局

Fig. 3-3　Spacial pattern of *Tsuga longibracteata* seed input under tree crown

3.1.4 长苞铁杉种子扩散格局

长苞铁杉种子很小，千粒重为 10.92 g，而且种子上有翅，使得种子下降速度减慢，呈螺旋式下降，因此可借助风力传播。长苞铁杉种子的传播能力受风力风向等传播营力和地形等因素的影响，同时还受种源母株的集群性、地段与种源的距离及种子释放点的高度等因素的影响。福建永安天宝岩自然保护区秋末冬初的风力一般在 2～3 级，因此选50 m为测定距离。

图 3-4 为 2003 年与 2004 年 4 株长苞铁杉孤立木种子在林冠外输入密度与距离林冠远近的关系。由图 3-4 可见，2003 年与 2004 年，研究的 3 株长苞铁杉植株，其种子在林冠外的扩散距离基本一致，均为25 m～30 m，种子输

入密度与距离树冠远近呈极显著负相关（$R=-0.964$，$P<0.01$）。Nathan 等（2000）研究证实，多数风扩散种子，其扩散曲线呈陡峰状。长苞铁杉种子的扩散曲线也呈陡峰状。沙地云杉（*Picea mongolica*）种子的重量、形态和传播方式与长苞铁杉种子类似，邹春静等（1998）沙地云杉种子扩散距离的研究结果跟本文的结果基本一致。

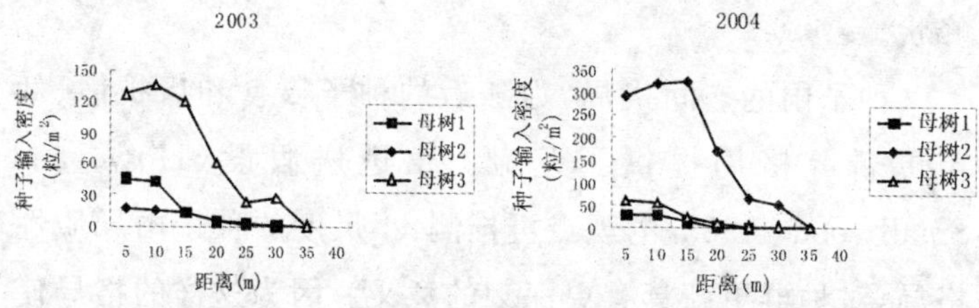

图 3-4　长苞铁杉种子扩散格局

Fig. 3-4　Dispersal pattern of *Tsuga longibracteata* seed input

3.1.5 讨论

种子雨的时空变化，对于植物种群生态格局和过程极为重要（周纪纶等，1992）。长苞铁杉种子雨的输入，受球果炸裂原因、种子传播方式、传播能力及其母树所处的环境综合制约。

2003 与 2004 两个年度，长苞铁杉种子雨输入的高峰是一致的，均在 11 月下旬；不同群落中长苞铁杉种子的输入量均存在极显著的大小年波动，可能与逃避松鼠类动物取食有关。空气相对湿度对种子雨日输入密度有显著影响，其机理在于空气干燥是引起成熟球果炸裂的主要原因，球果炸裂后，长苞铁杉种子以重力散落作用为主对地面进行输入。长苞铁杉的种子雨在近距离内没有明显的方向性，尤其是在树冠范围内，各方向的种子雨的差异达不到显著水平。风是长苞铁杉种子远距离被动扩散中最主要的环境营力，不同孤立木中长苞铁杉种子在林冠外的扩散距离基本一致，均为 25 m～30 m，其扩散曲线呈陡峰状。

种子雨的空间格局，为随后的种子摄食和后扩散、幼苗更新等格局提供了基础。由逃逸假设（Howe and Smallwood, 1982）的观点可推测，小尺度的种子雨异质性格局，对种群更新具有更深刻的意义。因为这样的格局使扩散的种子分布于多种小生境或微立地，可躲避密度制约的摄食和死亡，从而有更多的更新机会。据调查，在长苞铁杉母树树冠下，只发现了零星的一年生苗，未见 2～6 年生的更新苗；而母树树冠外 40 m 范围内共发现 34 株 2～6 年生的更新苗，它们数株集群分布。这说明母树的遮阴不利于幼苗的生存，同时也意味着长苞铁杉少数远距离扩散的种子，在其种群更新中具有极为重要的意义。

3.2 长苞铁杉在不同群落中的幼苗建立过程

3.2.1 不同群落类型样地中相对光照强度与凋落物层厚度

表 3-5 为不同群落类型样地中相对光照强度和地表凋落物层厚度。由表 3-5 可见，毛竹林和长苞铁杉毛竹混交林透光程度较好，相对光照强度超过 10%；而长苞铁杉阔叶树混交林、长苞铁杉猴头杜鹃混交林和长苞铁杉纯林透光程度较差，相对光照强度在 5%左右。长苞铁杉的枯枝落叶不容易分解，在长苞铁杉毛竹混交林、长苞铁杉阔叶树混交林、长苞铁杉猴头杜鹃混交林和长苞铁杉纯林中，凋落物厚度在5 cm左右；毛竹林由于生产经营需要经常进行林地清理，其凋落物层厚度仅 0.4 cm。

表 3-5　不同群落类型样地中的相对光照强度和地表凋落物层厚度

Tab. 3-5　The relative light intensity and litter thickness in different community type plots

群落类型	相对光照强度(%)	地表凋落物层厚度(cm)
毛竹林	11.4	0.4
长苞铁杉毛竹杉混交林	10.9	5.0
长苞铁杉阔叶树混交林	4.7	5.2
长苞铁杉猴头杜鹃混交林	5.2	7.5
长苞铁杉纯林	4.3	4.8

3.2.2 不同群落类型样地中长苞铁杉种子萌发率

图 3-5 为不同群落类型样地中长苞铁杉种子的萌发率。由图 3-5 可见,2004 年与 2005 年度,长苞铁杉种子在不同群落中的萌发率均存在显著差异($P<0.05$),在同一群落中,不同年度的萌发率也存在显著的差异($P<0.05$)。对于毛竹林样地和长苞铁杉毛竹混交林样地相比较而言,其相对光照强度基本一致,环境因子的区别主要在于地表的凋落物层厚度,2004 和 2005 年度长苞铁杉毛竹混交林样地的长苞铁杉种子萌发率均显著地高于毛竹林样地($P<0.05$),由此可见,地表的凋落物层可以促进长苞铁杉种子的萌发,其机理在于地表在凋落物层较厚的条件下土壤水分不易散失,种子在这种情况下萌发较好。

对于长苞铁杉阔叶树混交林样地和长苞铁杉毛竹混交林样地相比较而言,地表的凋落物层厚度基本一致,其环境因子的区别主要在于相对光照强度不同。2004 年度,长苞铁杉阔叶树混交林样地长苞铁杉种子萌发率略高于长苞铁杉毛竹混交林样地 ($P>0.05$),而 2005 年度长苞铁杉毛竹混交林样地长苞铁杉种子萌发率却显著地高于长苞铁杉阔叶树混交林样地 ($P<0.05$)。可见,光因子并非长苞铁杉萌发的限制因子,光照对长苞铁杉种子萌发的生态影响比较复杂,在不同的气候背景下,影响效果也有所不同。

2004 和 2005 年度,与其他群落类型样地相比,长苞铁杉纯林样地内种子萌发率均为最低，我们认为原因有两方面，一是由于土壤水分条件的差异，二是在长苞铁杉纯林内，母株自身可能会分泌一些次生代谢物质抑制种子萌发。

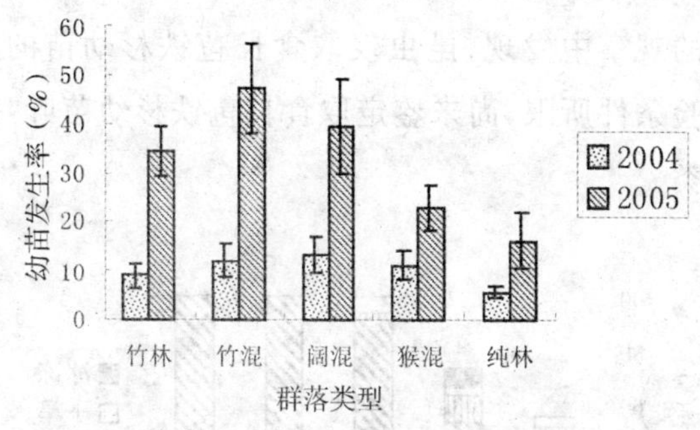

图 3-5　不同群落类型样地中长苞铁杉幼苗发生率

Fig. 3-5　Seedling emergence rates of *Tsuga longibracteata* in different community type plots

3.2.3 不同群落类型中幼苗的存活动态及其死亡原因

幼苗发生后，由于干扰因素的作用，部分幼苗开始死亡。图 3-6 为不同群落类型样地幼苗死亡原因分析。由图 3-6 可见，长苞铁杉幼苗死亡原因主要有 4 个，包括冰冻、干旱、雨水冲刷和昆虫取食，雨水冲刷和昆虫取食为幼苗死亡的主要原因。相对光照强度不同的群落中，各死亡原因的影响程度也有所不同。随着相对光照强度的增大，幼苗受雨水冲刷造成死亡的比例有上升趋势，这与该地区在5、6月份常有暴雨发生,雨水冲刷对开阔地内的幼苗的伤害更大,荫蔽的生境更有利于幼苗的保护有关。另外,随着相对光照强度的增大,幼苗受昆虫取食造成死亡的比例有下降趋势。昆虫造成幼苗死亡的机理在于其对叶片的取食导致了光合作用无法完成。在昆虫对幼苗取食叶片选择的观察中发现,昆虫仅取食长苞铁杉幼苗的嫩叶。由于实验条件所限,尚未鉴定取食长苞铁杉幼苗叶片的昆虫的种类。

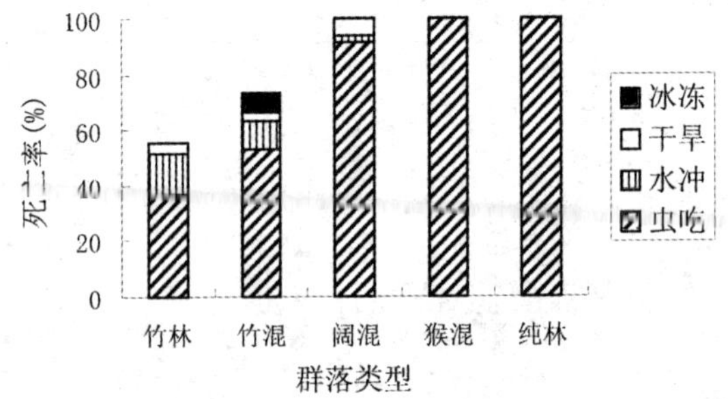

图3-6 不同群落类型样地中长苞铁杉幼苗死亡原因分析

Fig. 3-6 Seedling mortality of each factor of death of *Tsuga longibracteata* in different community type plots

图3-7为2004年不同群落样地长苞铁杉幼苗存活数动态。由图3-7可以看出长苞铁杉幼苗发生时间在各样地中基本一致,而死亡时间在各群落类型样地中有所差别。在毛竹林样地中,环境条件比较适宜,幼苗数量一直

比较稳定，未出现幼苗的死亡高峰。在长苞铁杉毛竹混交林样地中，幼苗发生后即大量死亡，到 6 月 23 日幼苗死亡率达 56.7%，以后随着时间的推移，幼苗数量仍有少量死亡。在长苞铁杉阔叶树混交林样地中，幼苗发生后即大量死亡，到 8 月 7 日幼苗全部死亡。在长苞铁杉猴头杜鹃混交林样地和长苞铁杉纯林样地中，幼苗发生后没有死亡高峰，由于昆虫取食影响，幼苗到 6 月 23 日全部死亡。

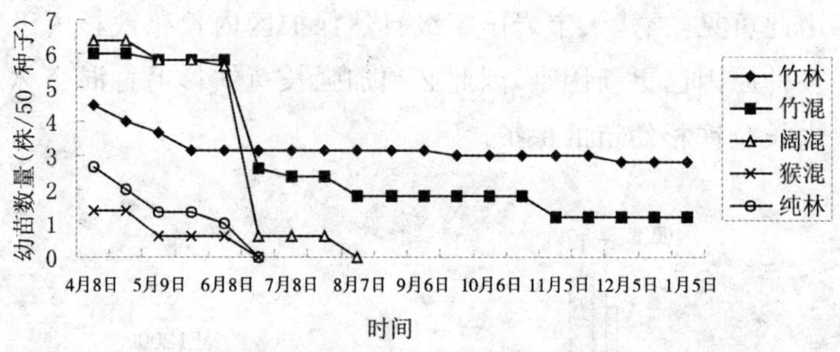

图 3-7　不同群落类型样地中长苞铁杉幼苗存活数量动态

Fig. 3-7　Dynamic of seedling survival quantity in different community type plots

图 3-8 为不同群落类型样地中长苞铁杉幼苗存活率。由图 3-8 可以看出 2004 和 2005 年度毛竹林内幼苗存活率最高(分别为 70.5%和 82.5%)，长苞铁杉毛竹混交林幼苗存活率次之(分别为 22.6%和 32.0%)，而相对光照强度较低的长苞铁杉阔叶树混交林样地、长苞铁杉猴头杜鹃混交林样地和长苞铁杉纯林样地的幼苗则均全部死亡。

方差分析表明，相对光照强度对幼苗的存活数有极显著影响（$P<0.01$）。可见，光照是长苞铁杉幼苗存活的限制因子。

对于毛竹林样地和长苞铁杉毛竹混交林样地相比较而言，其相对光照强度基本一致，环境因子的区别主要在于地表的凋落物层厚度，2004 和 2005 年度幼苗存活率均为毛竹林样地极显著地高于长苞铁杉毛竹混交林样地（$P<0.01$）。可见，凋落物层不利于长苞铁杉幼苗的存活。由此可见，福建天宝岩国家级自然保护区内长苞铁杉由于多种原因已更新困难，因此必须加强长苞铁杉毛竹混交林内长苞铁杉幼苗的保护。

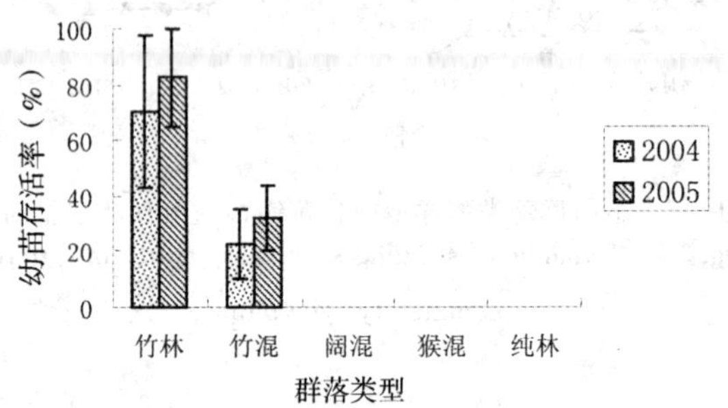

图 3-8　不同群落类型样地中长苞铁杉幼苗存活率
Fig. 3-8　Seedling survival rate in different community type plots after one growing season

3.2.4 不同群落类型中幼苗的高度生长动态

图 3-9 为 2004 年不同群落类型样地中长苞铁杉幼苗

平均高度动态。由图 3-9 可以看出，在长苞铁杉生长的初期，幼苗生长主要由种子提供营养，不同群落类型样地中幼苗的高度没有差别；种子营养消耗完后，长苞铁杉幼苗的高生长由叶片的光合作用提供，幼苗高生长速度与相对光照强度呈正相关。光照的增加促进长苞铁杉幼苗的光合作用，有利于幼苗的高生长。

由图 3-9 还可以看出，长苞铁杉幼苗的高生长发生在春季和夏季，进入秋季后幼苗高生长停止。

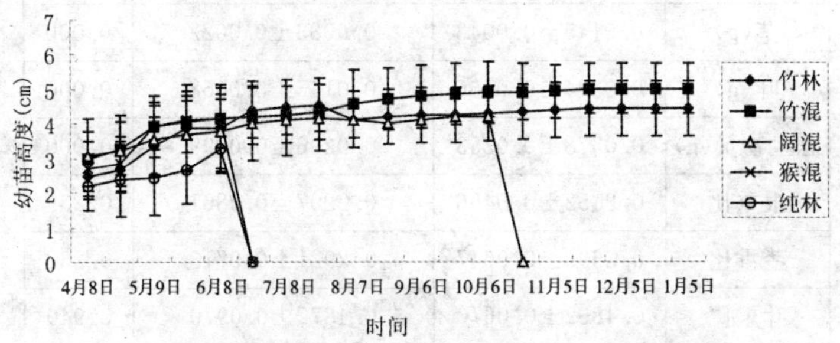

图 3-9 不同群落类型样地中长苞铁杉幼苗平均高度动态

Fig. 3-9 Dynamic of seedling height in different community type plots

3.2.5 经过一个生长季后不同群落类型中长苞铁杉幼苗的生物量累积与分配

表 3-6 为 2005 年初不同群落类型样地中长苞铁杉幼苗的生物量累积与分配差异。由表 3-6 可以看出，长苞铁

杉毛竹混交林样地内幼苗的根生物量、叶生物量、茎生物量、总生物量极显著地低于毛竹林样地的幼苗，但其各生物量分配指标均没有显著的差别。

表 3-6　不同群落类型样地中长苞铁杉幼苗的生物量累积与分配差异

Tab. 3-6　Difference of seedling biomass cumulation and distribution in different community type plots

样品号	毛竹林	长苞铁杉毛竹混交林	*P*
根(g)	0.0140±0.0058	0.0067±0.0046	0.000
茎(g)	0.0145±0.0043	0.0083±0.0022	0.000
叶(g)	0.0294±0.0166	0.0146±0.0058	0.000
总生物量(g)	0.0578±0.0253	0.0296±0.0099	0.000
根重比	0.2452±0.0466	0.2207±0.0801	0.230
茎重比	0.2696±0.0647	0.2921±0.0713	0.262
叶重比	0.4852±0.0670	0.4872±0.0970	0.940
根冠比	0.3298±0.0806	0.3006±0.0822	0.506
叶比地上	0.6431±0.0795	0.6228±0.0931	0.431

* 阔混样地、猴混样地和纯林下样地幼苗在前期已全部死亡，故不进行生物量测定

3.2.6 讨论

长苞铁杉种子散落存在大小年现象，而且长苞铁杉种子雨量在大小年之间差异非常大，如在毛竹与长苞铁杉混

交林中，2003 年种子的输入量是 15.1 粒/m²，2004 年为 73.9 粒/m²。结合种子输入后的萌发率和经过一年生长的幼苗存活率可以推算，在毛竹与长苞铁杉混交林中，由 2003 年底种子输入引起的留存到 2005 年初的幼苗密度为 0.41 株/ m²，2004 年底种子输入引起的留存到 2006 年初的幼苗密度为 11.19 株/ m²，2003 年种子的输入量是 2004 年输入量的20.4%，而经过一年的生长，2003 年输入的种子发生的幼苗的留存密度却仅为 2004 年的 3.6%。可见，大小年现象可以增加长苞铁杉种子成苗的机会，促进更新。刘济明(1998)在贵州梵净山栲树的种子雨中也发现，栲树种子雨存在大小年现象，大年时有效种子数为 72.2～74.3 粒/m²，小年时仅为3.5粒/m²；扣除虫蛀和霉烂等因素，大年留在种子库的有效萌发种子数为 16～17 粒/m²，小年则根本没有。

对于大多数木本植物来说，种子主要都集中在枯枝落叶层。如在埃塞俄比亚的 Rift 河谷郁闭生境中木本植物种子库中 82%的种子都集中在枯枝落叶层(Argaw et al., 1999)。长苞铁杉种子本身重量比较轻(千粒重 10.92 g)，种子很难穿过林下根系盘结层或枯枝落叶层构成的厚隔离带，因此幼苗发生实验中将种子埋藏在地表可以模拟自然状态的种子输入。

光照对长苞铁杉种子的种子萌发的作用比较复杂，一方面光照的增强可能可以促进长苞铁杉幼苗的发生，而另

一方面，光照的增强可以造成土壤水分的较快散失从而不利于长苞铁杉幼苗的发生。在不同的气候背景下，光照强度影响效果也有所不同，光照状况并不对长苞铁杉幼苗发生起主要作用。较厚的凋落物层有一定的保水保温作用，可以促进长苞铁杉幼苗的发生。

在荫蔽的林冠下，长苞铁杉幼苗有极高的死亡率。在本实验中，一年后除了透光程度较好的毛竹林样地和长苞铁杉毛竹混交林样地外，透光程度差的长苞铁杉阔叶树混交林、长苞铁杉猴头杜鹃混交林和长苞铁杉纯林等群落类型样地的幼苗已全部死亡。可见，光照是长苞铁杉幼苗存活的限制因子。

长苞铁杉毛竹混交林样地和毛竹林样地相比较而言，其相对光照强度基本一致，环境因子的区别主要在于地表的凋落物层厚度，长苞铁杉毛竹混交林样地长苞铁杉幼苗存活率显著地低于毛竹林样地，并且经过一年生长毛竹林样地内幼苗的根生物量、叶生物量、茎生物量、总生物量极显著地低于长苞铁杉毛竹混交林样地的幼苗，但其各生物量分配指标均没有显著的差异。可见，较厚的凋落物层不利于长苞铁杉幼苗的存活与生长。其原因主要有两个，一是林下地被层较厚，种子在萌发和幼苗生长过程中，为了能穿破地被层的机械阻碍不得不分配更多物质和能量用于胚轴生长，而供子叶和胚根生长的物质和能量相对较少(Howlett and Davidson, 2003)，结果导致萌发幼苗纤弱而不强壮，抵抗外界不良环境能力差，萌发幼苗易霉烂死亡；二是由于林内凋落物层一般可达 5 cm 左右，种子虽能萌发，但胚根常无法抵达土壤而引起烂根死亡（Nakagawa et al.，2003），幼苗自然死亡率较高。黄忠良等（2001）对影响季风常绿阔叶林幼苗定居的主要因素开展研究结果也表明，除去凋落物层对幼苗的定居有利。

3.3 林窗及其过程对长苞铁杉更新的影响

3.3.1 林窗大小对长苞铁杉幼苗建立的影响

3.3.1.1 林窗大小对种子萌发的影响

2004 年 3 月 23 日前的调查未见长苞铁杉种子萌发，4 月 8 日调查时，发现除了小林窗样地外，各样地均有种子萌发出土。在种子萌发总数不再增加时对不同林窗面积大小样地幼苗发生数量进行统计，结果如图 3-10 表示。由图3-10可见，大林窗样地幼苗发生率为 10%，中林窗为 10%，小林窗和林下样地分别为 4% 和 6%。随着林窗的增大，长苞铁杉种子萌发率略有增高趋势，但影响并不显著（$P>0.05$）。

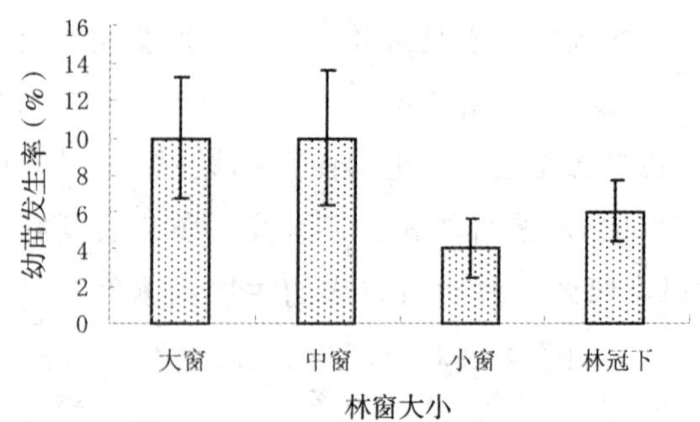

图 3-10　不同林窗大小样地幼苗发生率

Fig. 3-10　Seedling emergence rate of *Tsuga longibracteata* in 3 gap sizes plots and CK

3.3.1.2 不同林窗面积大小样地中幼苗的存活动态及其死亡原因

幼苗发生后，由于干扰因素的作用，部分幼苗开始死亡。图 3-11 为不同林窗面积大小样地幼苗死亡原因分析。由图 3-11 可见，雨水冲刷和昆虫取食是长苞铁杉幼苗死亡的两个重要原因。不同林窗面积大小样地幼苗死亡原因有所不同，随着林窗面积的增大，幼苗受雨水冲刷造成死亡的比例有上升趋势，这与该地区在 5、6 月份常有暴雨发生，雨水冲刷对林窗等开阔地内的幼苗的伤害更大，林内较荫蔽的生境更有利于幼苗的保护有关，陈波等(2002)对栲树种子在林内与林窗萌发与幼苗生长的研究得出的结果与本研究一致；另外，随着林窗面积的增大，幼苗受昆虫取食造成死亡的比例有下降趋势。

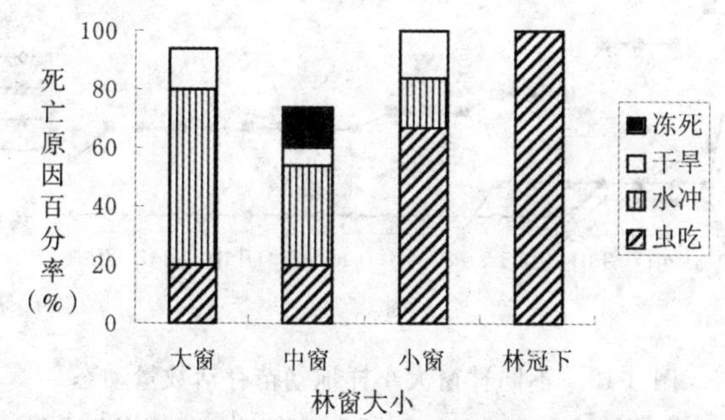

图 3-11　不同林窗大小样地幼苗死亡原因分析

Fig. 3-11　Seedling mortality of each factor of death in plots of 3 gap size treatments and CK

图 3-12 为不同林窗大小样地幼苗存活数量动态。由图 3-12 可以看出长苞铁杉幼苗的发生时间在各样地中基本一致，而死亡时间在各林窗样地中有所差别。在大林窗样地中，环境因子变化幅度较大，幼苗发生后即大量死亡，在 4 月 22 日时幼苗死亡率已达 61.5%，以后两个月中幼苗陆续死亡，到 6 月 23 日幼苗数量达到稳定阶段，总死亡率为92.3%。在中林窗样地中，环境条件比较适宜，幼苗数量一直比较稳定，未出现幼苗的死亡高峰。在小林窗样地中，幼苗也没有死亡高峰，由于昆虫取食和雨水冲刷，幼苗于 8 月 7 日全部死亡。林下样地中，幼苗发生后也没有死亡高峰，由于昆虫取食，幼苗于 6 月 23 日全部死亡。

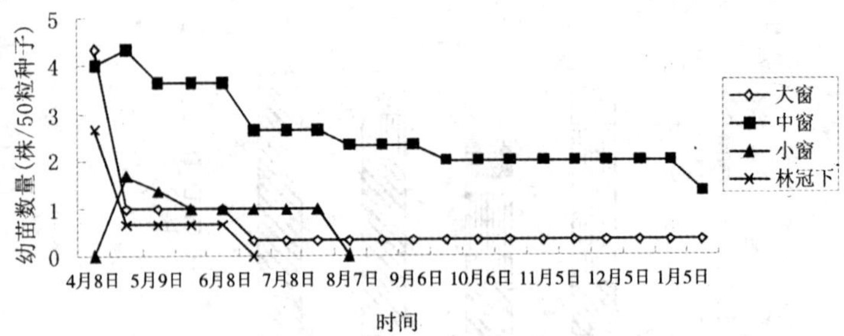

图 3-12 不同林窗大小样地幼苗存活数量动态

Fig. 3-12 Dynamic of seedling survival quantity in plots of 3 gap size treatments and CK

图 3-13 为冬季过后各样地幼苗的存活率。由图 3-13 可以看出中等大小林窗内幼苗存活率最高(27.0%),大林窗内幼苗存活率次之(7.3%),而小林窗样地和林下样地幼苗则均全部死亡。方差分析表明,林窗大小对幼苗的存活率有显著影响($P<0.05$)。Dekker 等(2003)认为林窗光照增强对于一些阳性树种幼苗的生长和存活是比较有利,本研究表明,林窗光照增强有利于长苞铁杉幼苗的生长和存活。

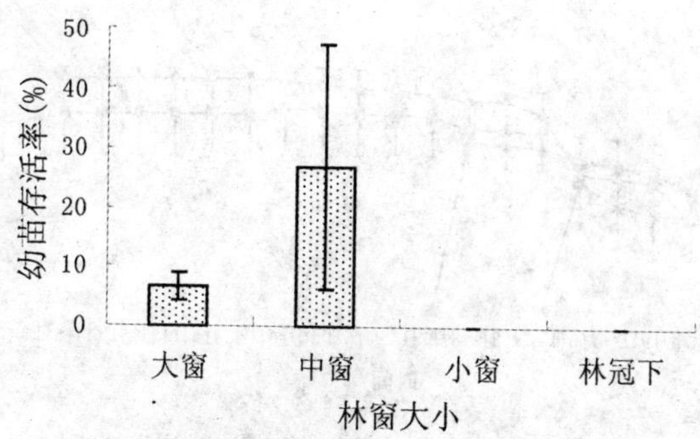

图 3-13 不同林窗大小样地幼苗幼苗存活率

Fig. 3-13 Seedling survival rate in plots of 3 gap size treatments and CK after one growing season

3.3.1.3 不同林窗面积大小样地中幼苗的高生长动态

图 3-14 为不同林窗面积大小样地幼苗平均高度变化。由图 3-14 可以看出，在长苞铁杉生长的过程中，幼苗生长主要由种子提供营养，不同林窗大小样地中幼苗的高度没有差别；种子营养消耗完后，长苞铁杉幼苗的高生长由叶片的光合作用提供，幼苗高生长速度与林窗面积呈正相关。林窗形成后光照的增加促进长苞铁杉幼苗的光合作用，有利于幼苗的高生长。由图 3-14 还可以看出，长苞铁杉幼苗的高生长发生在春季和夏季，进入秋季后幼苗高生长停止。

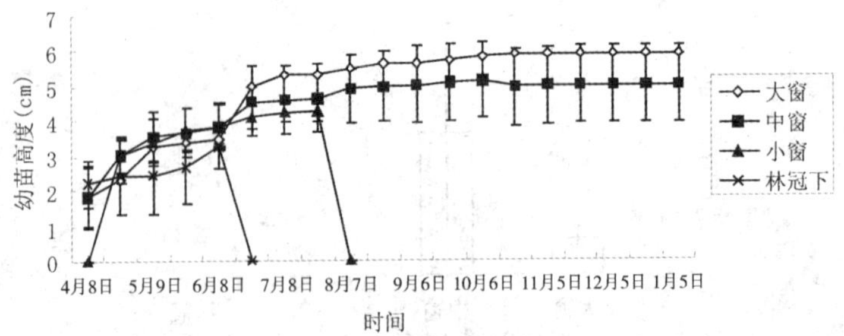

图 3-14 不同林窗大小样地幼苗平均高度动态

Fig. 3-14 Dynamic of seedling height in plots of 3 gap size treatments and CK

3.3.1.4 不同林窗大小样地中幼苗生物量累积与分配差异

表 3-7 为不同林窗大小样地中幼苗的生物量累积与分配。由表 3-7 可以看出,大林窗内幼苗的根生物量、叶生物量和总生物量等指标显著地高于中林窗样地的幼苗($P<0.05$),而幼苗茎生物量的差异并不显著($P>0.05$),可见,大林窗中光照的增强促进了长苞铁杉幼苗根和叶的生长,而对茎的生长影响较小。大林窗样地内幼苗的根重比、叶重比、根冠比和叶/地上比等生物量分配指标均略高于中林窗样地的幼苗,但差异并不显著($P>0.05$),这可能与幼苗生长时间较短有关。

表 3-7 不同林窗大小样地中幼苗的生物量累积与分配

Tab. 3-7 Biomass characters of Seedlings in 3 gap size treatments and CK

生物量指标	大林窗	中林窗	*P*
根(g)	0.0158±0.0025	0.0077±0.0036	0.027
茎(g)	0.0138±0.0025	0.0124±0.0014	0.401
叶(g)	0.0358±0.0004	0.0170±0.0062	0.005
总生物量(g)	0.0653±0.0004	0.0371±0.0088	0.004
根重比	0.2417±0.0368	0.1962±0.0566	0.362
茎重比	0.2108±0.0388	0.3661±0.1368	0.193
叶重比	0.5475±0.0020	0.4377±0.0964	0.188
根冠比	0.3219±0.0642	0.2504±0.0888	0.366
叶/地上比	0.7238±0.0378	0.5519±0.1389	0.159

* 小林窗样地和林冠下样地幼苗在前期已全部死亡，故不进行生物量测定

3.3.1.5 讨论

在对森林中林窗的反应上，可将不同的树种归为两个基本的生态种组，即先锋种和顶极种；先锋种在一定面积的林窗中才能长到成熟，而顶极种在小林窗中即能长到成熟阶段（Whitmore, 1989）。先锋种更新的适宜林窗面积的确定对促进该树种的更新和合理经营管理有重要的意义。Myers 等(1999)发现 *Bertholletia excelsa* 更新适宜的林窗大于95 m^2；刘庆(2004)研究了林窗对长苞冷杉(*Abies georgei*)自然更新幼苗存活和生长的影响，发现中等林窗大小(50 m^2～100 m^2)是长苞冷杉幼苗更新的适宜

面积。

在长苞铁杉与林窗更新的关系上，钱莲文等(2005)对长苞铁杉林窗物种更新动态开展了初步研究，其结果也表明：长苞铁杉幼苗在较大的林窗中密度较大。本研究综合种子萌发、幼苗存活与生长、幼苗的形态差异等方面认为：长苞铁杉为先锋树种，其幼苗建立需要依赖中等以上(>50 m^2)的林窗。

3.3.2 长苞铁杉幼苗在林窗不同位置中的建立

3.3.2.1 林窗不同位置对种子萌发的影响

2004 年 3 月 23 日前的调查未见长苞铁杉种子萌发，4 月 8 日调查时，发现各样地均有种子萌发出土。在种子萌发总数不再增加时对林窗不同位置样地幼苗发生率进行统计，结果如图 3-15 表示。

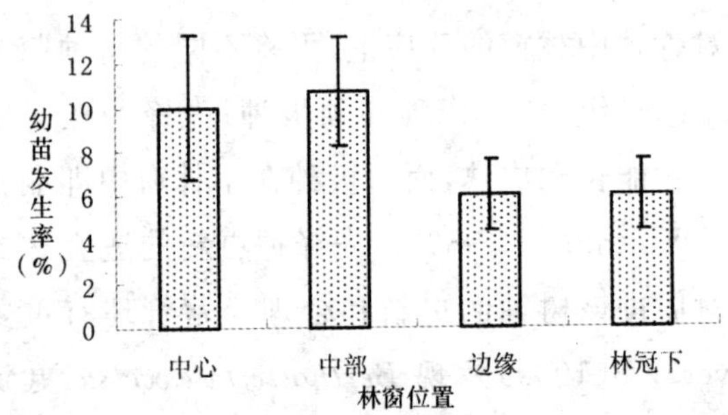

图 3-15 长苞铁杉在林窗不同位置的幼苗发生率
Fig. 3-15 Seedling emergence rate of *Tsuga longibracteata* in different gap locations

林窗中心幼苗发生率为10%，林窗中部为10.7%，林窗边缘和林下样地均为6%。从林冠下到林窗中心，长苞铁杉种子的幼苗发生率略有增高趋势。

3.3.2.2 不同林窗面积大小样地中幼苗的存活动态及其死亡原因

幼苗发生后，由于干扰因素的作用，部分幼苗开始死亡。图3-16为林窗不同位置样地幼苗死亡原因分析。

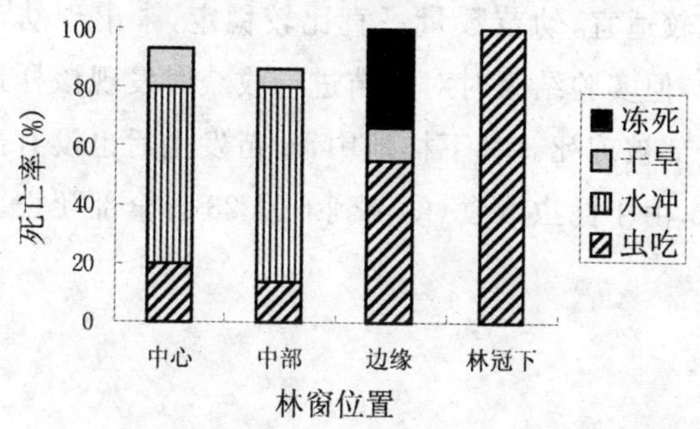

图3-16 林窗不同位置样地幼苗死亡原因分析

Fig. 3-16 Seedling mortality of each factor of death in plots of different gap locations

由图3-16可见，雨水冲刷、昆虫取食是长苞铁杉幼苗死亡的两个重要原因。在林窗中心和林窗中部样地中，幼苗死亡主要由水冲、昆虫取食和干旱引起，而水冲是幼苗死亡的主要原因，这与该地区在5、6月份常有暴雨发生，雨水冲刷对开阔地内的幼苗的伤害更大，林内较荫蔽的生境更有利于幼苗的保护有关。在林窗边缘样地和林下样地中，昆虫的取食是幼苗死亡的最主要原因。

图 3-17 为林窗不同位置样地中长苞铁杉幼苗的存活数量动态。由图 3-17 可以看出长苞铁杉幼苗发生在各样地中基本一致，而死亡时间在各林窗样地中有所差别。在林窗中心和林窗中部样地中，环境因子变化幅度较大，幼苗发生后即大量死亡，以后两个月中幼苗陆续死亡，到 8 月 7 日幼苗数量达到稳定阶段。在林窗边缘样地中，环境条件比较适宜，幼苗数量一直比较稳定，未出现幼苗的死亡高峰，但实验结束时对幼苗进行收获时发现该样地存活幼苗全部被冻死。林下样地中，幼苗发生后也没有出现死亡高峰，由于昆虫取食，幼苗到 6 月 23 日全部死亡。

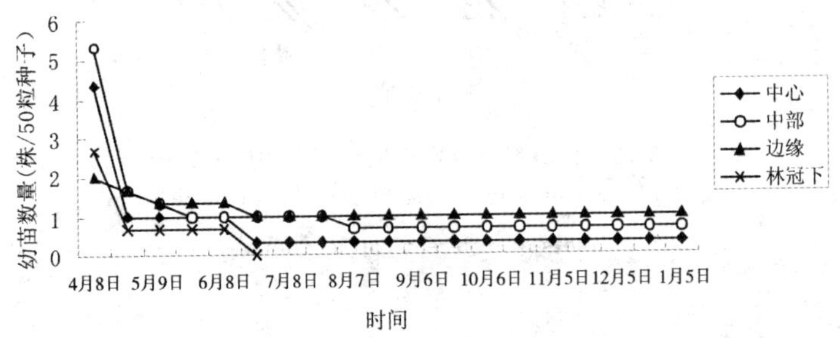

图 3-17　林窗不同位置样地幼苗存活数量动态

Fig. 3-17　Dynamic of seedling survival quantity in plots of different gap locations

图 3-18 为经过一个完整的生长季后，林窗不同位置样地幼苗的存活率。由图 3-18 可以看出林窗中部内幼苗存活率最高(11.4%)，林窗中心样地幼苗存活率次之(6.7%)，而林窗边缘样地和林下样地幼苗则全部死亡。方差分析表明，林窗位置对幼苗的存活率有显著影响($P<0.05$)，林窗光照增强有利于长苞铁杉幼苗的生长和存活。

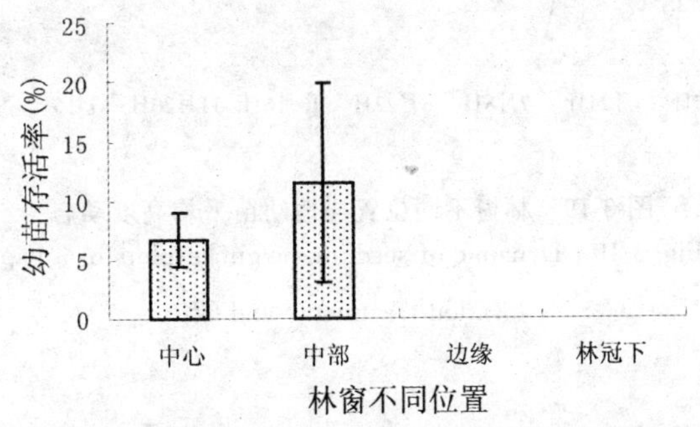

图 3-18 林窗不同位置样地幼苗存活率

Fig. 3-18 Seedling survival rate in plots of different gap locations after one growing season

3.3.2.3 林窗不同位置样地中幼苗的高生长动态

图 3-19 为林窗不同位置样地幼苗平均高度动态。由图 3-19 可见，在长苞铁杉生长的初期，幼苗生长主要由种子提供营养，林窗不同位置样地中幼苗的高度没有差别；种子营养消耗完后，长苞铁杉幼苗的高生长由叶片的光合

作用提供，林窗中心样地的幼苗平均高度最高，可见光照的增加可以促进长苞铁杉幼苗的光合作用，有利于幼苗的高生长。

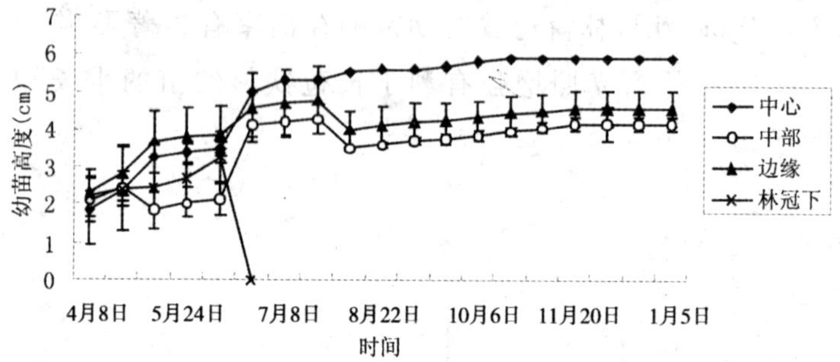

图 3-19 林窗不同位置样地幼苗平均高度动态

Fig. 3-19 Dynamic of seedling height in plots of 3 gap location treatments and CK

3.3.2.4 林窗不同位置样地中幼苗的生物量累积与分配差异

表 3-8 为经过一个生长季后，林窗不同位置样地存活幼苗的生物量累积与分配指标。由表 3-8 可以看出，林窗中心样地中幼苗的根生物量、茎生物量和总生物量均略高于林窗中部样地的幼苗，但差异并不显著。叶生物量、叶重比、叶/地上和茎重比三个指标，大林窗内幼苗的与林窗中部样地幼苗存在显著差异，林窗中心样地幼苗叶生物量、叶重比、叶/地上等指标高于中林窗样地的幼苗，而茎

重比则低于林窗中部样地的幼苗，可见林窗中心环境对长苞铁杉幼苗叶片的生长有较好的促进作用。

表 3-8 林窗不同位置样地存活幼苗的生物量累积与分配

Tab. 3-8 Biomass characters of Seedlings in 3 gap location treatments and CK

生物量指标	林窗中心	林窗中部	*P*
根(g)	0.0158±0.0025	0.0105±0.0063	0.401
茎(g)	0.0138±0.0025	0.0122±0.0072	0.815
叶(g)	0.0358±0.0004	0.0135±0.008	0.033
总生物量(g)	0.0653±0.0004	0.0361±0.0214	0.190
根重比	0.2417±0.0368	0.2899±0.0388	0.299
茎重比	0.2108±0.0388	0.3366±0.0113	0.008
叶重比	0.5475±0.0020	0.3735±0.0492	0.015
根冠比	0.3219±0.0642	0.5879±0.1318	0.294
叶/地上	0.7238±0.0378	0.5238±0.0392	0.008

* 林窗边缘样地和林冠下样地幼苗在生长期内全部死亡，故不进行生物量测定

3.3.2.5 讨论

在对森林中林窗的反应上，可将不同的树种归为两个基本的生态种组，即先锋种和顶极种；先锋种在一定面积的林窗中才能长到成熟，而顶极种在小林窗中即能长到成

熟阶段(Whitmore, 1989)。前面林窗面积大小对长苞铁杉幼苗建立影响的研究认为:长苞铁杉为先锋树种,其幼苗建立需要依赖中等以上(>50 m^2)的林窗。

而在同一个林窗内,不同的位置中长苞铁杉幼苗的发生、死亡原因、存活状况与生长状况也有所不同。Brown (1996)对热带雨林3种龙脑香科树种的幼苗监测,发现这3种幼苗都表现出在林隙中央高度最大,越靠近林隙边缘或林下其生长越慢,数量也较少。在本研究的大林窗中(面积118 m^2):从林冠下到林窗中心,长苞铁杉种子的幼苗发生率略有增高趋势。在林窗中心和林窗中部样地中水冲是幼苗死亡的主要原因,而在林窗边缘样地和林下样地中昆虫的取食是幼苗死亡的最主要原因。林窗位置对幼苗的存活率有显著影响,林窗中部样地内幼苗存活率最高,林窗中心样地幼苗存活率次之,而林窗边缘样地和林下样地幼苗则全部死亡。种子营养消耗完后,在林窗中心、林窗中部、林窗边缘和林下等4个位置样地中,林窗中心样地幼苗平均高度最大。经过一个生长季后,林窗中心样地中幼苗的根生物量、茎生物量和总生物量均略高于林窗中部样地的幼苗,但差异并不显著。林窗中心样地幼苗叶生物量、叶重比、叶/地上等指标高于林窗中部样地的幼苗,而茎重比则低于林窗中部样地的幼苗。

3.3.3 林窗光照条件对幼树生长、存活、形态、叶片元素含量与生理特性的影响

3.3.3.1 不同生境中长苞铁杉幼树数量与生长状况

样地调查结果表明，长苞铁杉纯林林冠下未见长苞铁杉幼树存在；小林窗（<50 m²）中也未见长苞铁杉存活幼树，但存在部分幼树（2 cm<DBH<2.5 cm）枯立木，其分布密度约为 2.7 株/100m²；中等大小林窗中存在少量生长状况较好幼树，其分布密度约为 3.7 株/100m²；而全日照生境中分布大量生长良好的长苞铁杉幼树，其分布密度约为14.3株/100m²。

林窗形成后，林窗内的光照条件并非一成不变，而是随着更新树种对林窗空隙的填充逐渐变弱。更新树种在林窗空隙中的填充对策可分为两类，即向外生长和向上生长，前者指已存在的个体或无性系侧向生长与扩展以填充空隙，而后者是指个体或无性系向上生长直至形成新的上层或优势林冠斑块。小林隙一般主要是由周围树木侧生长即向外生长来填充的，而较大的林隙则主要是靠更新树木向上生长来填充的（臧润国，1998）。

本研究小林窗中未见长苞铁杉存活幼树，仅存在部分幼树枯立木的可能原因有两个：一是长苞铁杉幼树在树龄较小时，对光照的要求较低，可以忍受小林窗内的光照条件，而树龄较大时对光照的要求提高，小林窗内的光照条件无法满足其生长要求；二是林窗刚形成的时候，林窗内

光照较强，可以满足长苞铁杉幼树的生长，而随着更新物种对林窗空隙的填充，林窗内光照逐步变弱，达到一定阈值后，无法满足长苞铁杉幼树的生长需求。

3.3.3.2 不同生境中长苞铁杉幼树地上部分形态与生物量分配

表 3-9 为全日照与中等大小林窗环境中长苞铁杉幼树地上部分形态特征。由表 3-9 可见除了胸径、1 级侧枝长和 1 级侧枝仰角外，全日照与中等大小林窗环境中长苞铁杉幼树的形态指标都有显著差异(P<0.05)，与生长在全日照环境下幼树相比，林窗环境中长苞铁杉幼树高度、枝下高、成熟叶平均长度、树高比胸径和枝下高比树高值均较高，树干上 1 级侧枝密度和 1 级侧枝上 2 级侧枝数、叶片密度值较低。

表 3-9　全日照与林窗环境中长苞铁杉幼树地上部分形态特征

Tab. 3-9　Upground morphological characteristic of *Tsuga longibracteata* saplings in full sunlight entironment and gap entironment

形态指标	全日照	林窗	P
树高(m)	2.89±0.08	5.08±1.08	0.045
胸径(cm)	2.95±0.12	3.00±0.16	0.746
枝下高(m)	0.65±0.31	3.01±0.56	0.007
树高/胸径	981±44	1 679±268	0.022
枝下高/树高	0.19±0.07	0.60±0.02	0.002

（续表）

形态指标	全日照	林窗	P
1级侧枝数	40.00±3.27	11.50±0.41	0.000
1级侧枝长(m)	0.61±0.37	0.66±0.19	0.571
1级侧枝仰角	56.44±0.64	53.19±0.82	0.062
树干1级侧枝密度(/m)	15.72±2.28	5.99±1.77	0.009
1级侧枝上2级侧枝数	27.99±1.06	8.34±0.09	0.000
叶片密度(/cm)	16.26±0.83	7.75±0.14	0.000
成熟叶平均长度(cm)	1.87±0.04	2.14±0.12	0.036

表3-10为全日照与林窗环境中长苞铁杉幼树地上部分生物量及分配情况。由表3-10可见除树干生物量外，全日照与林窗环境中长苞铁杉幼树生物量及其分配指标都有显著差异($P<0.05$)，林窗环境下的长苞铁杉幼树树干/地上部分值较高，叶生物量、1级侧枝、2级侧枝和地上部分生物量，叶/地上部分、1级侧枝/地上部分和2级侧枝/地上部分值均较低。

表 3-10 全日照与林窗环境中长苞铁杉幼树地上部分生物量及分配

Tab. 3-10 Upground biomass cumulation and distribution ratio of *Tsuga longibracteata* saplings in full sunlight entironment and gap entironment

地上部分生物量及其分配	全日照	林窗	*P*
树干(g)	1 154±82	1 262±204	0.579
叶(g)	926±212	136±32	0.011
一级侧枝(g)	1 084±220	282±17	0.011
二级侧枝(g)	360±60	53±10	0.003
地上部分(g)	3 524±574	1 734±263	0.025
树干/地上部分	0.3343±0.0319	0.7263±0.0078	0.000
叶/地上部分	0.2588±0.0184	0.077±0.0067	0.000
一级侧枝/地上	0.3049±0.0132	0.1661±0.0157	0.001
二级侧枝/地上	0.1021±0.0003	0.0306±0.0012	0.000

综合表 3-9,表 3-10 的结果可知,长苞铁杉的树冠随光照强度的降低而减小,叶片的密度和生物量也随光照强度的降低而减小,并将同化的 C 更多地分配于树干的垂直生长,以期能最大限度地获得光照。生长于全光下的幼树 1 级侧枝数量和 1 级侧枝上的 2 级侧枝数量较多,但在光受限制的林窗环境中,长苞铁杉因采取加强顶端优势的对策,限制了侧枝的发育,并以此减少用于侧枝发育的 C 分配量,保证主干垂直生长。在强光照环境下幼树的叶片

较小，小的叶片具有更薄的界面层以便向环境中散热，这样可以降低用来冷却叶片的蒸腾作用（陈圣宾等，2005），而在林窗较弱的光照环境中，幼树的叶片则较大，可以更大范围地利用光资源。

3.3.3.3 叶片常量元素含量差异

表 3-11 为全日照与林窗环境中长苞铁杉幼树叶片常量元素含量。由表 3-11 可见，除 C 外，全日照与林窗环境中长苞铁杉幼树叶片 N、H、P、K、Ca 和 Mg 含量差异显著（$P<0.05$），与生长在全日照环境下的幼树相比，林窗环境下长苞铁杉幼树叶片 N、H、P、K、Ca 和 Mg 含量较高。

表 3-11　全日照与林窗环境中长苞铁杉幼树叶片常量元素含量

Tab. 3-11　Main element contents of *Tsuga longibracteata* sapling leaves in full sunlight entironment and gap entironment

元素含量(%)	全日照	林窗	*P*
C	50.371±0.168	50.063±0.230	0.201
N	0.562±0.019	0.703±0.070	0.050
H	6.275±0.004	6.394±0.042	0.016
P	0.082±0.001	0.294±0.001	0.000
K	0.510±0.008	0.600±0.008	0.000
Ca	0.271±0.006	0.431±0.006	0.000
Mg	0.164±0.004	0.254±0.005	0.000

表3-12为全日照与林窗环境中长苞铁杉幼树叶片重要元素比例，由表3-12可见，与全日照环境中长苞铁杉幼树相比，林窗环境中幼树叶片的碳氮比较低，而碳氢比和氮氢比则较高。

表3-12 全日照与林窗环境中长苞铁杉幼树叶片重要元素比例

Tab. 3-11 Ratios of main element of *Tsuga longibracteata* sapling leaves in full sunlight entironment and gap entironment

元素比例	全日照	林窗	*P*
C/N	89.83±3.37	72.33±7.52	0.040
C/H	8.03±0.03	7.83±0.09	0.040
N/H	0.090±0.003	0.110±0.010	0.056

3.3.3.4 叶片生理特性差异

叶片中的光合色素是叶片光合作用的物质基础，环境因子的改变可以引起光合色素的变化，光合色素含量的高低在很大程度上反映了植物的生长状况和叶片的光合能力，Chla/Chlb值的变化能反映叶片光合作用的强弱（米海莉等，2004），Car/Chl值的高低与植物忍受逆境的能力有关，进而引起光合功能的改变（朱新广和张其德，1999）。

表3-13为全日照与林窗环境中长苞铁杉幼树叶片光合色素含量及比例，由表3-13可见，全日照与林窗环境中

长苞铁杉幼树叶片中叶绿素 a、叶绿素 b、总叶绿素和类胡萝卜素含量及叶绿素 a 与叶绿素 b 的比值和类胡萝卜素与总叶绿素的比值有极显著影响($P<0.01$)，林窗环境中长苞铁杉幼树叶片叶绿素 a、叶绿素 b、总叶绿素和类胡萝卜素含量均高于全日照环境长苞铁杉幼树，而叶绿素 a 与叶绿素 b 的比值和类胡萝卜素与总叶绿素的比值低于全日照环境中长苞铁杉幼树。光合色素含量的增加可以提高在长苞铁杉幼树叶片在弱光下的光合能力。

表 3-13　全日照与林窗环境中长苞铁杉幼树叶片光合色素含量及比值

Tab. 3-13　Content and ratio of photosynthetic pigments of *Tsuga longibracteata* sapling leaves in full sunlight entironment and gap entironment

光合色素含量及比值	全日照	林窗	P
Chla(mg/g)	0.293±0.033	0.935±0.036	0.000
Chlb(mg/g)	0.092±0.018	0.409±0.018	0.000
Chl(mg/g)	0.386±0.052	1.343±0.047	0.000
Car(mg/g)	0.109±0.003	0.189±0.005	0.000
Chla/Chlb	3.243±0.288	2.29±0.098	0.011
Car/Chl	0.287±0.032	0.141±0.002	0.003

MDA 是膜脂过氧化作用的最终产物，是膜系统受伤害的重要标志之一(Heath and Packer，1968)；SOD 能催

化超氧化物阴离子自由基(O^{2-})的歧化作用,消除O^{2-},维持活性氧代谢的平衡,保护细胞膜结构;POD作为清除氧自由基的第二道屏障,其功能在于清除由SOD歧化O^{2-}产生的H_2O_2;Pro是多种植物体内最有效的一种亲和性渗透调节物质,Pro的累积是植物对逆境响应的重要标志(李合生,2002)。

表3-14为全日照与林窗环境中长苞铁杉幼树叶片MDA含量、SOD和POD活性、Pro含量等指标的差异。由表3-14可见,与生长在全日照环境下的幼树相比,林窗环境下长苞铁杉幼树的MDA含量较低,弱日照环境缓解了膜脂过氧化作用;其SOD活性也较低,但是其POD活性和Pro含量均较高,这表明全日照的生长环境对长苞铁杉幼树叶片有一定不利影响,但还在其调节范围内,没有对其叶片造成伤害。长苞铁杉幼树的生长在全日照环境中是适宜的。

表3-14　全日照与林窗环境中长苞铁杉幼树叶片生理特性

Tab. 3-14 Physiological characteristic of *Tsuga longibracteata* sapling leaves in full sunlight entironment and gap entironment

生理指标	全日照	林窗	*P*
MDA(μmol/g FW)	39.49±1.01	24.85±0.65	0.000
SOD($U \cdot mg^{-1}$protein)	1 833±70	1 356±15	0.001
POD ($U \cdot mg^{-1}$protein $\cdot min^{-1}$)	646±25	2 074±46	0.000
Pro(μg/g FW)	125±7	287±9	0.000

3.3.3.5 **讨论**

全日照条件适宜长苞铁杉幼树的生长，中等大小林窗下环境的光照条件尚可满足长苞铁杉幼树的生长需求，而小林窗和林冠下环境的光照条件太弱，对长苞铁杉幼树的生长是不适宜的。

长苞铁杉幼树在形态上具有一定的可塑性，可以通过地上部分形态和生物量分配的改变、叶片密度的改变来适应生长环境的光照条件。在光照受限的环境中，长苞铁杉幼树采取加强顶端优势的对策，限制了侧枝和叶片的发育，并以此减少用于侧枝和叶片的 C 分配量，保证光照较弱的林窗环境中主干能迅速垂直生长到达冠层。

长苞铁杉幼树在叶片形态与生理上具有一定的可塑性，可以通过叶片形态与生理特征的改变来适应生长环境的光照条件。在光照受限的环境中，长苞铁杉幼树提高单叶面积、提高叶片 N、H、P、K、Ca 和 Mg 等元素含量，和提高叶绿素 a、叶绿素 b、总叶绿素和类胡萝卜素等光合色素含量以加强叶片的光合作用能力，更有效地利用光资源固定 C。

3.4 环境因子对长苞铁杉更新的影响

3.4.1 光强对长苞铁杉幼苗生长、存活、形态、元素含量和叶片生理特性的影响

3.4.1.1 光照强度对长苞铁杉种子萌发率与幼苗存活率的影响

图 3-20 为光照强度对长苞铁杉种子萌发与幼苗存活率的影响，由图 3-20 可见，光照对长苞铁杉种子萌发率有显著影响($P<0.05$)，随着光强的提高，长苞铁杉种子萌发率呈现升高的趋势，但光强过高(100%全日照)对种子萌发不利；光照对长苞铁杉幼苗存活率有显著影响($P<0.05$)，随着光强的提高，长苞铁杉幼苗存活率呈升高趋势，但光强过高(100%全日照)会降低长苞铁杉幼苗的存活率。

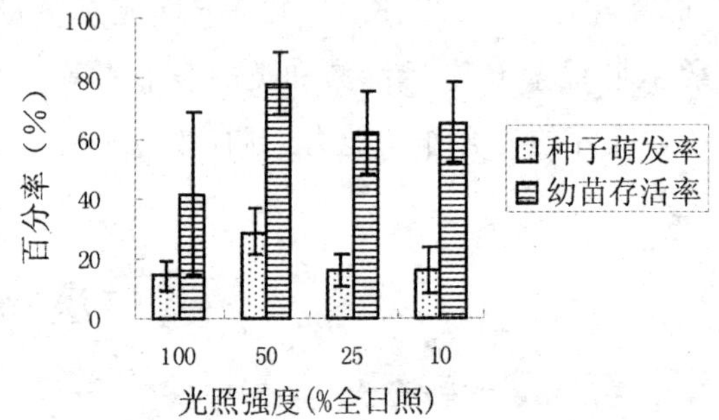

图 3-20　光照强度对长苞铁杉种子萌发与幼苗存活率的影响
Fig. 3-20　Effects of light intensity on seed germinated rate and seedling survival rate of *Tsuga longibracteata*

3.4.1.2 光照强度对长苞铁杉幼苗生物量累积及分配的影响

图 3-21 为光照强度对长苞铁杉根、茎、叶和总生物量累积的影响。由图 3-21 可见，生长环境的光照强度对长苞铁杉幼苗根、茎、叶和总生物量都有极显著的影响（$P<0.01$），随着光强的提高，长苞铁杉幼苗根、茎、叶和总生物量均呈现升高的趋势；但光强过高（100%全日照）对生长是不利的，100%全日照环境生长的幼苗其根、茎、叶和总生物量均低于 50%全日照环境生长的幼苗。

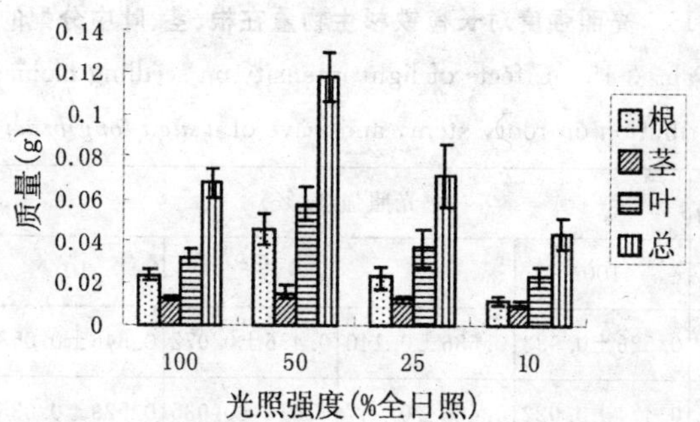

图 3-21　光照强度对长苞铁杉根、茎、叶和总生物量累积的影响

Fig. 3-21　Effects of light intensity on seedling biomass cumulation in root, stem, leave and total of *Tsuga longibracteata*

光照强度不仅影响长苞铁杉幼苗生物量的累积，而且影响其在不同器官中的分配。表 3-15 为光照强度对长苞

铁杉生物量在根、茎、叶中分配的影响，由表 3-15 可见生长环境的光照强度对长苞铁杉幼苗根冠比、茎重比、根重比、叶/地上均有显著的影响（$P<0.05$），对叶重比影响不显著（$P>0.05$）。在光照强度不超过 50%全日照条件下，随着光照强度的提高，根冠比、根重比和叶/地上有提高的趋势，茎重比有下降的趋势，这表明光照的增强促使生物量往地下分配以加强根部吸收水分的能力，同时促使地上部分的生物量更多的分配到叶片生长上。Poorter(1999)在热带雨林 15 个树种幼苗形态与生理特性对光照强度梯度的响应研究也得到类似的结论。

表 3-15　光照强度对长苞铁杉生物量在根、茎、叶中分配的影响

Tab. 3-15　Effects of light intensity on seedling biomass distribution on root, stem, and leave of *Tsuga longibracteata*

生物量分配比值	光照强度(%)				P
	100	50	25	10	
根冠比	0.526±0.033	0.636±0.140	0.456±0.072	0.345±0.058	0.000
叶重比	0.474±0.022	0.486±0.047	0.510±0.035	0.529±0.035	0.123
茎重比	0.182±0.010	0.130±0.025	0.179±0.044	0.216±0.042	0.004
根重比	0.344±0.014	0.384±0.053	0.312±0.033	0.255±0.031	0.000
叶/地上部分	0.722±0.020	0.789±0.036	0.741±0.055	0.711±0.049	0.034

3.4.1.3 光照强度对长苞铁杉幼苗不同器官主要营养元素含量的影响

表 3-16 为光照强度对长苞铁杉幼苗不同器官主要营养元素含量的影响。由表 3-16 可见,随着光强的提高,长苞铁杉幼苗根的主要营养元素含量动态如下:C 在 50%全日照前有升高的趋势,到 50%全日照时急剧下降,后又有上升趋势;N 有降低的趋势;H 较为稳定;P 有降低趋势;K 在弱光条件下(相对光照强度 10%)较高,在光强较高条件下较为稳定;Ca 有降低的趋势,Mg 有升高的趋势。

随着光强的提高,长苞铁杉幼苗茎的主要营养元素含量动态如下: C 较为稳定;N 在弱光条件下(相对光照强度 10%)含量较高,在强光条件下较为稳定;H 较为稳定;P 有降低趋势;K 有降低趋势;Ca 在 50%相对光照强度下有升高的趋势,到 100%全日照时,又呈现下降趋势;Mg 在 50%相对光照强度下有降低的趋势,到 100%全日照时,又呈现上升趋势。

随着光强的提高,长苞铁杉幼苗叶的主要营养元素含量动态如下:C 有升高的趋势;N 在弱光条件下(相对光照强度 10%)含量较高,随着光强的提高有降低的趋势;H 较为稳定;P 有降低趋势;K 有降低的趋势;Ca 先降低后升高;Mg 含量先降低后升高。

表 3-16　光照强度对长苞铁杉幼苗不同器官主要营养元素含量的影响

Tab. 3-16　Effects of light intensity on main element contents on seedling root, stem, and leave of *Tsuga longibracteata*

器官	元素(%)	光照强度(%)			
		100	50	25	10
根	C	48.189±0.154	43.955±0.609	47.973±0.078	46.608±0.011
	N	0.237±0.008	0.239±0.013	0.269±0.003	0.396±0.022
	H	5.933±0.024	5.035±0.041	5.954±0.032	5.781±0.015
	P	0.043±0.001	0.074±0.001	0.069±0.001	0.099±0.002
	K	0.458±0.004	0.448±0.006	0.440±0.005	0.572±0.009
	Ca	0.178±0.009	0.185±0.011	0.211±0.003	0.194±0.016
	Mg	0.298±0.006	0.263±0.005	0.228±0.006	0.252±0.009
茎	C	48.723±0.076	45.509±0.099	48.34±0.042	46.884±0.02
	N	0.215±0.06	0.214±0.043	0.208±0.001	0.100±0.006
	H	6.229±0.064	5.728±0.005	6.102±0.052	5.982±0.019
	P	0.109±0.004	0.076±0.001	0.116±0.005	0.145±0.001
	K	0.303±0.010	0.384±0.010	0.391±0.012	0.534±0.011
	Ca	0.311±0.004	0.388±0.006	0.289±0.003	0.237±0.006
	Mg	0.307±0.004	0.268±0.005	0.322±0.009	0.387±0.007
叶	C	47.28±0.107	46.848±0.537	47.299±0.023	45.503±0.114
	N	0.227±0.001	0.282±0.005	0.259±0.021	0.751±0.004
	H	6.187±0.001	5.987±0.082	6.230±0.027	6.026±0.005
	P	0.054±0.001	0.055±0.001	0.057±0.001	0.109±0.005
	K	0.320±0.004	0.425±0.011	0.426±0.005	0.574±0.004
	Ca	0.449±0.006	0.414±0.004	0.408±0.004	0.473±0.002
	Mg	0.378±0.006	0.313±0.009	0.389±0.009	0.433±0.009

3.4.1.4 光照强度对长苞铁杉幼苗不同器官中碳氮比、碳氢比和氮氢比的影响

表 3-17 表示光照强度对长苞铁杉幼苗不同器官中碳氮比、碳氢比和氮氢比的影响，由表 3-17 可见，幼苗根的元素比例中，随着光强的提高，C/N 呈上升趋势，C/H 较为稳定，N/H 呈下降趋势。幼苗茎的元素比例中，随着光强的提高，C/N 在弱光条件下（相对光照强度 10%）含量较低，之后较为稳定；C/H 较为稳定，N/H 在弱光条件下（相对光照强度 10%）含量较高，之后较为稳定。幼苗叶的元素比例中，随着光强的提高，C/N 呈上升趋势，C/H 较为稳定，N/H 呈下降趋势。

表 3-17　光照强度对长苞铁杉幼苗不同器官中碳氮比、碳氢比和氮氢比的影响

Tab. 3-17　Effects of light intensity on C/N, C/H and N/H ratios of seedling root, stem, and leave of *Tsuga longibracteata*

比值	相对光照强度(%)			
	100	50	25	10
根 CN 比	203.848±7.413	184.513±7.251	178.524±2.061	118.416±6.749
根 CH 比	8.123±0.007	8.732±0.192	8.057±0.031	8.062±0.020
根 NH 比	0.040±0.001	0.047±0.003	0.045±0.001	0.068±0.004
茎 CN 比	226.225±1.539	212.534±2.14	232.531±1.444	109.334±1.490
茎 CH 比	7.823±0.069	7.945±0.010	7.922±0.061	7.838±0.022

（续表）

比值	相对光照强度(%)			
	100	50	25	10
茎 NH 比	0.035±0.009	0.037±0.001	0.034±0.001	0.072±0.001
叶 CN 比	208.505±0.472	166.159±1.125	184.826±15.175	60.572±0.180
叶 CH 比	7.642±0.019	7.825±0.017	7.592±0.030	7.551±0.025
叶 NH 比	0.037±0.001	0.047±0.001	0.041±0.003	0.125±0.001

3.4.1.5 光照强度对主要营养元素在长苞铁杉幼苗不同器官中分配比例的影响

表 3-18 表示光照强度对 C、N、H、P、K、Ca、Mg 在长苞铁杉幼苗根、茎、叶中分配比例的影响。由表 3-18 可见，随着光强的提高，主要营养元素在根的分配比例动态如下：C 在相对光照强度 50%以下呈上升趋势，到相对光照强度为 100%时呈下降趋势；N 呈上升趋势；H 在相对光照强度 50%以下呈上升趋势，到相对光照强度 100%时呈下降趋势；P 在相对光照强度 50%以下呈上升趋势，到相对光照强度 100%时呈下降趋势；K 呈上升趋势；Ca 在相对光照强度 50%以下呈上升趋势，到相对光照强度 100%时呈下降趋势；Mg 在相对光照强度 50%以下呈上升趋势，到相对光照强度 100%时呈下降趋势。

随着光强的提高，主要营养元素在茎的分配比例动态如下：C 在相对光照强度 50%以下呈下降趋势，到相对光照强度 100%时呈上升趋势；N 在相对光照强度 50%以下呈下降趋势，到相对光照强度100%时呈上升趋势；H在相对光照强度50%以下呈下降趋势，到相对光照强度100%时呈上升趋势；P变化较为复杂，在相对光照强度25%以下呈上升趋势，到相对光照强度50%时急剧下降，到相对光照强度100%时呈上升趋势；K在相对光照强度50%以下呈下降趋势，到相对光照强度100%时呈上升趋势；Ca呈上升趋势；Mg在相对光照强度50%以下呈下降趋势，到相对光照强度100%时呈上升趋势。

随着光强的提高，主要营养元素在叶中的分配比例动态如下：C呈下降趋势；N呈下降趋势；H呈下降趋势；P变化较为复杂，在相对光照强度25%以下呈下降趋势，后较为稳定；K呈下降趋势；Ca在相对光照强度50%以下呈下降趋势，相对光照强度100%以下呈上升趋势；Mg在相对光照强度25%以下较稳定，到相对光照强度50%时呈下降趋势，相对光照强度100%时的分配比例与相对光照强度50%时的分配比例基本一致。

表 3-18 光照强度对主要营养元素含量在长苞铁杉幼苗不同器官中分配比例的影响

Tab. 3-18 Effects of light intensity on distribution ratios of main elements in seedling root, stem, and leave of *Tsuga longibracteata*

元素	相对光照强度(%)											
	100			50			25			10		
	根(%)	茎(%)	叶(%)	根(%)	茎(%)	叶(%)	根(%)	茎(%)	叶(%)	根(%)	茎(%)	叶(%)
C	34.71	18.52	46.77	37.03	13.01	49.96	31.53	17.51	50.96	25.76	21.54	52.70
N	35.78	17.18	47.05	35.74	10.87	53.39	33.30	14.20	52.51	17.00	15.33	67.67
H	33.48	18.56	47.96	34.59	13.35	52.06	30.49	17.22	52.29	24.72	21.27	54.01
P	24.56	32.87	42.57	43.64	15.34	41.02	30.30	28.23	41.47	22.00	26.85	51.16
K	43.34	15.12	41.54	40.12	11.67	48.21	32.51	15.94	51.56	25.78	20.01	54.22
Ca	18.54	17.14	64.32	22.03	15.64	62.33	20.32	15.33	64.35	14.02	14.26	71.72
Mg	30.46	16.54	53.00	35.04	12.12	52.85	21.87	17.01	61.12	17.01	21.74	61.26

3.4.1.6 光照强度对幼苗叶片光合色素含量及比例的影响

叶片中的光合色素是叶片光合作用的物质基础，环境因子的改变可以引起光合色素的变化，光合色素含量的高低在很大程度上反映了植物的生长状况和叶片的光合能力，Chla/Chlb 值的变化，能反映叶片光合活性的强弱（米海莉等，2004），Car/Chl 值的高低与植物忍受逆境的能力有关，进而引起光合功能的改变（朱新广和张其德，1999）。表3-19为光照强度对长苞铁杉幼苗光合色素含量及其比例的影响，由表 3-19 可见，光照对长苞铁杉幼苗叶片中叶绿素 a、叶绿素 b、总叶绿素和类胡萝卜素含量及叶绿素 a/叶绿素 b 值和类胡萝卜素/总叶绿素值有极显著影响（$P<0.01$），随着光强的提高，长苞铁杉幼苗叶片叶

绿素 a、叶绿素 b、总叶绿素和类胡萝卜素含量均呈现下降的趋势，叶绿素 a/叶绿素 b 值和类胡萝卜素/总叶绿素值呈上升趋势。

表 3-19 光照强度对长苞铁杉幼苗光合色素含量及其比例的影响

Tab. 3-19 Effects of light intensity on contents and ratio of photosynthetic pigments in seedling leaves of *Tsuga longibracteata*

光合色素及其比例	光照强度(%)				P
	100	50	25	10	
Chla(mg/g)	0.173±0.007	0.198±0.019	0.351±0.021	0.609±0.079	0.000
Chlb(mg/g)	0.026±0.001	0.069±0.007	0.140±0.011	0.220±0.026	0.000
Chl(mg/g)	0.199±0.008	0.261±0.024	0.490±0.031	0.829±0.105	0.000
Car(mg/g)	0.107±0.002	0.107±0.004	0.133±0.004	0.160±0.018	0.001
Chla/Chlb	6.663±0.138	3.159±0.090	2.516±0.107	2.760±0.030	0.000
Car/Chl	0.537±0.030	0.414±0.024	0.271±0.011	0.193±0.004	0.000

3.4.1.7 光照强度对幼苗叶片和细根 MDA 含量的影响

丙二醛(MDA)作为脂质过氧化的主要降解产物，其积累是活性氧毒害作用的表现，能导致生物膜结构的破坏和功能的丧失。到目前为止，人们常以 MDA 含量作为判断膜脂过氧化作用的一种主要指标。图 3-22 为光照强度长苞铁杉幼苗叶片和细根 MDA 含量的影响，由图 3-22 可见，光照强度对长苞铁杉幼苗叶片和细根 MDA 含量有极显著影响($P<0.01$)，随着光强的提高，长苞铁杉幼苗细根 MDA 含量呈现升高的趋势；在光强不超过 50%全日照

时，长苞铁杉幼苗叶片 MDA 含量随着光强的升高而提高，达到全日照时，MDA 含量下降，意味着叶片已部分受伤。研究结果表明，长苞铁杉幼苗的根比叶片对光照过强的耐受能力更强。

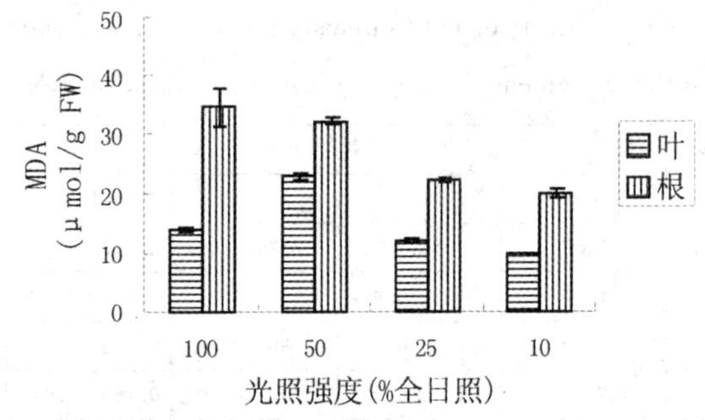

图 3-22　光照强度对长苞铁杉幼苗叶片和细根 MDA 含量的影响

Fig. 3-22　Effects of light intensity on MDA contents in seedling leaves and roots of *Tsuga longibracteata*

3.4.1.8 光照强度对幼苗叶片和细根 SOD 活性的影响

图 3-23 为光照强度对长苞铁杉幼苗叶片和细根的 SOD 活性的影响。由图 3-23 可见，光照强度对长苞铁杉幼苗叶片和细根的 SOD 活性均有极显著影响（$P<0.01$），随着光强的提高，长苞铁杉幼苗细根 SOD 活性呈现升高的趋势；在光强不超过 50％全日照时，长苞铁杉幼苗叶片 SOD 活性随着光强的升高而升高，在全日照时，SOD 活性显著下降，叶片可能已部分受伤。

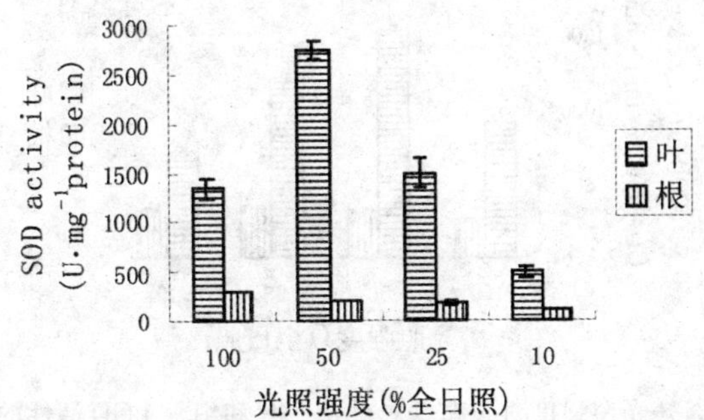

图 3-23　光照强度对长苞铁杉幼苗叶片和细根的 SOD 活性的影响

Fig. 3-23　Effects of light intensity on SOD activity in seedling leaves and roots of *Tsuga longibracteata*

3.4.1.9 光照强度对幼苗叶片和细根 POD 活性的影响

图 3-24 为光照强度对长苞铁杉幼苗叶片和细根的 POD 活性的影响。由图 3-24 可见，光照强度对长苞铁杉幼苗叶片和细根的 POD 活性均有极显著影响（$P<0.01$）。光照强度对长苞铁杉幼苗叶片和细根的 POD 活性与对 SOD 活性的变化趋势是一致的，随着光强的提高，长苞铁杉幼苗细根 POD 活性呈现升高的趋势；在光强不超过 50%全日照时，长苞铁杉幼苗叶片 POD 活性随着光强的升高而升高，在全日照时 POD 活性显著下降，幼苗叶片可能已部分受伤。

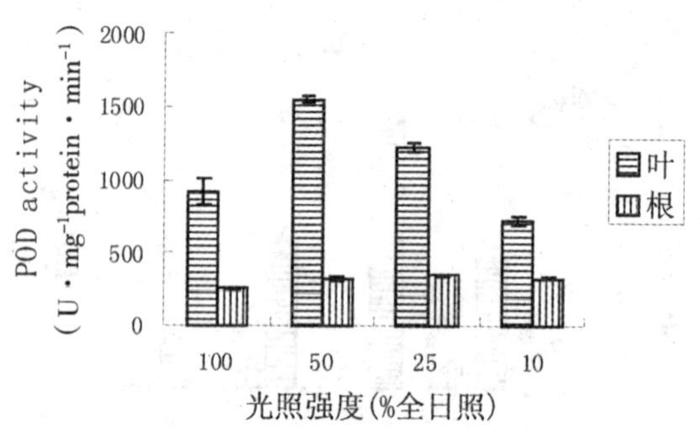

图 3-24　光照强度对长苞铁杉幼苗叶片和细根 POD 活性的影响
Fig. 3-24　Effects of light intensity on POD activity in seedling leaves and roots of *Tsuga longibracteata*

3.4.1.10 光照强度对幼苗叶片和细根脯氨酸(Pro)含量的影响

植物体内的脯氨酸含量与植物的抗逆性密切相关。脯氨酸由于分子量低,高度水溶性,在生理 pH 范围内无静电荷及低毒性等成为植物组织内一种理想的渗调物质,Pro 的累积是植物对逆境响应的重要标志(李合生,2002)。图3-25为光照强度对长苞铁杉幼苗叶片和细根 Pro 含量的影响,由图 3-25 可见,光照强度对长苞铁杉幼苗叶片和细根 Pro 含量有极显著影响($P<0.01$),光照强度变化对长苞铁杉幼苗叶片和细根 Pro 含量影响的趋势是一致的,即在光照强度为 25%全日照时长苞铁杉幼苗叶片和细根 Pro 含量最低,光照的提高和降低均造成 Pro 含量的提高,25%全日照可能是长苞铁杉幼苗生长较为适宜的光照条件。

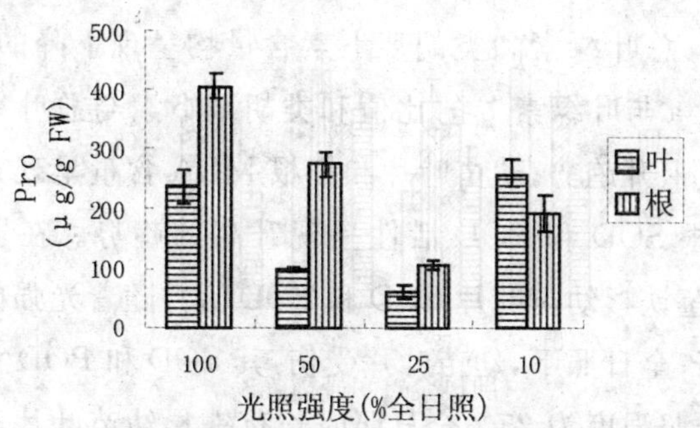

图 3-25　光照强度对长苞铁杉幼苗叶片和细根的 Pro 含量的影响
Fig. 3-25　Effects of light intensity on Pro contents in seedling leaves and roots of *Tsuga longibracteata*

3.4.1.11 讨论

在50%全日照条件下，长苞铁杉种子萌发率和幼苗存活率最高，过强和过弱的光照条件均导致长苞铁杉种子萌发率和幼苗存活率的下降。

光照可以影响生物量的累积与分配，全日照对长苞铁杉幼苗的生长不利，在50%全日照条件下，长苞铁杉幼苗根、茎、叶及总生物量最高。光照的增强促使生物量往地下分配以加强根部吸收水分的能力，同时促使地上部分的生物量更多的分配到叶片生长上。光照强度对长苞铁杉幼苗根、茎、叶中C、N、H、P、K、Ca、Mg等主要元素的含量有显著影响，并可以影响C、N、H、P、K、Ca、Mg等主要元素在根、茎、叶的分配比例。

随着光强的提高，长苞铁杉幼苗叶片中叶绿素 a、叶绿素 b、总叶绿素和类胡萝卜素含量均呈现下降的趋势，叶绿素 a 与叶绿素 b 的比值和类胡萝卜素与总叶绿素的比值呈上升趋势；幼苗叶片和细根 MDA 含量呈现升高趋势；细根 SOD 和 POD 活性呈现升高的趋势。在弱光照下，长苞铁杉幼苗叶片 SOD 和 POD 活性随着光强的升高而升高；全日照下，幼苗叶片受伤，其 SOD 和 POD 活性下降。光照强度为 25%全日照时长苞铁杉幼苗叶片和细根 Pro 含量最低，25%全日照可能是长苞铁杉幼苗生长适宜的光照条件。

长苞铁杉为阳性树种。50%全日照对长苞铁杉幼苗有轻微胁迫，但在该光照条件下长苞铁杉幼苗生长最快，50%全日照附近是长苞铁杉育苗的适宜光照强度。

3.4.2 不同光强下土壤水分胁迫对长苞铁杉幼苗生长、存活和生理特性的影响

3.4.2.1 光照和土壤水分协同作用对幼苗存活率的影响

光照强度、土壤含水量两个因素对长苞铁杉幼苗的存活率有极显著影响（$P<0.01$），并且二者存在极显著的交互作用。图 3-26 为光照和水分协同作用对幼苗存活率的影响。由图 3-26 可见：在强光照（100%全日照）条件下，干旱胁迫和土壤过湿均可造成幼苗的死亡，在干旱条件下，幼苗的存活率仅为 36.1%，在土壤过湿条件下，幼苗存活率随土壤含水量的升高而降低。弱光照（10%全日

照）条件下，干旱胁迫没有造成幼苗的死亡，在土壤过湿条件下，幼苗存活率随土壤含水量的升高而降低。在 50%和 25%全日照两种中等强度光照条件下，各梯度土壤水分胁迫处理后，幼苗存活率均为 100%。

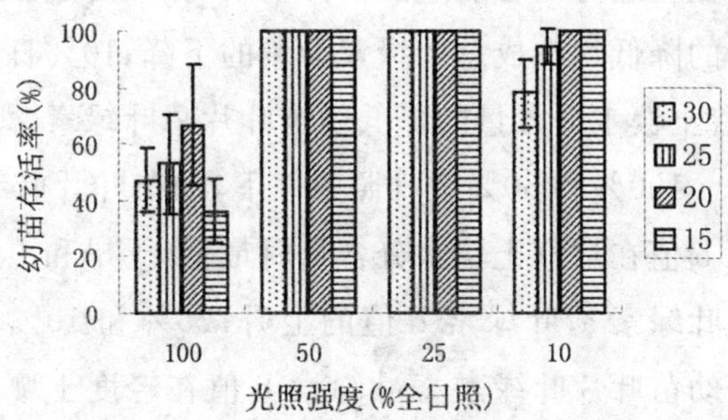

图 3-26　光照和水分协同作用对长苞铁杉幼苗的存活率的影响
（图例中 30，25，20 和 15 代表土壤含水量 30%，25%，20%和 15%，下同）

Fig. 3-26　Effects of light intensity and soil water content cooperating on seedling livability of *Tsuga longibracteata*
(30, 25, 20 and 15 in cutline denoting water content 30%, 25%, 20%, 15%, the same to other figures.)

3.4.2.2 光照和土壤水分协同作用对幼苗叶片光合色素含量及比例的影响

表 3-20 为光照和土壤水分协同作用对长苞铁杉幼苗光合色素含量及其比例的影响。由表 3-20 可见，土壤含水量对叶绿素 a、叶绿素 b 和类胡萝卜素含量没有显著影

响($P>0.05$);但对总叶绿素含量、叶绿素 a/叶绿素 b 值、类胡萝卜素/总叶绿素值有极显著影响($P<0.01$),其影响程度在不同光照条件下略有不同。在 100%、50%和 25%全日照条件下,土壤含水量对长苞铁杉幼苗总叶绿素含量的变化趋势是轻度过湿条件下最高,重度过湿和土壤含水量的降低均造成总叶绿素含量的下降;10%日照条件下,随着土壤水分含量的降低幼苗叶片总叶绿素含量有升高趋势。100%和 50%全日照条件下,幼苗叶片叶绿素 a/叶绿素 b 值在适宜土壤水分含量时最低,干旱和土壤过湿均造成叶绿素 a/叶绿素 b 值的上升;25%和 10%全日照条件下幼苗叶片叶绿素 a/叶绿素 b 值在轻度土壤过湿时最低,随着土壤含水量的下降叶绿素 a/叶绿素 b 值有上升趋势,严重土壤过湿也造成叶绿素 a/叶绿素 b 值上升;在 100%、50%和 10%全日照条件下,幼苗叶片类胡萝卜素/总叶绿素的变化趋势是在轻度过湿条件下最低,重度过湿和土壤含水量的降低均造成类胡萝卜素/总叶绿素值的升高;25%日照条件下,叶片类胡萝卜素/总叶绿素值在适宜土壤水分含量时最低,干旱和土壤过湿均造成类胡萝卜素/总叶绿素值上升。

表 3-20　光照和土壤水分协同作用对长苞铁杉幼苗光合色素含量及其比例的影响

Tab. 3-20　Effects of light intensity and soil water content on contents and ratio of photosynthetic pigments in seedling leaves of *Tsuga longibracteata*

光照强度（%）	土壤含水量(%)	叶绿素 a (mg/g)	叶绿素 b (mg/g)	总叶绿素 (mg/g)	类胡萝卜素 (mg/g)	Chla/Chlb	Car/Chl
100	30	0.219±0.023	0.043±0.006	0.263±0.028	0.129±0.006	5.07±0.10	0.493±0.026
100	25	0.272±0.009	0.065±0.004	0.338±0.014	0.143±0.003	4.19±0.12	0.425±0.008
100	20	0.234±0.030	0.056±0.005	0.290±0.034	0.137±0.004	4.15±0.30	0.476±0.035
100	15	0.186±0.006	0.037±0.002	0.223±0.008	0.154±0.050	4.98±0.10	0.692±0.076
50	30	0.202±0.011	0.049±0.001	0.252±0.012	0.130±0.003	4.10±0.13	0.518±0.030
50	25	0.231±0.031	0.069±0.013	0.300±0.040	0.119±0.009	3.38±0.33	0.399±0.024
50	20	0.204±0.008	0.062±0.004	0.265±0.010	0.122±0.001	3.32±0.19	0.459±0.017
50	15	0.197±0.015	0.051±0.001	0.248±0.016	0.118±0.007	3.82±0.19	0.476±0.000
25	30	0.252±0.039	0.063±0.018	0.315±0.056	0.124±0.005	3.82±0.21	0.403±0.067
25	25	0.312±0.049	0.090±0.013	0.402±0.063	0.114±0.006	3.44±0.06	0.287±0.024
25	20	0.317±0.008	0.084±0.008	0.402±0.002	0.111±0.008	3.79±0.37	0277±0.018
25	15	0.243±0.073	0.071±0.028	0.314±0.101	0.104±0.010	3.52±0.31	0.286±0.011
10	30	0.283±0.014	0.081±0.002	0.365±0.051	0.108±0.021	3.48±0.21	0.296±0.016
10	25	0.323±0.040	0.119±0.007	0.442±0.046	0.112±0.006	2.70±0.15	0.254±0.012
10	20	0.365±0.025	0.101±0.018	0.466±0.042	0.133±0.007	3.67±0.36	0.287±0.010
10	15	0.363±0.007	0.099±0.010	0.462±0.013	0.143±0.003	3.68±0.28	0.309±0.009

3.4.2.3 光照和土壤水分协同作用对幼苗叶片 MDA 含量的影响

光照强度、土壤含水量两个因素对长苞铁杉幼苗叶片 MDA 含量有极显著影响($P<0.01$)。如图 3-27 所示，在各光照强度中，长苞铁杉幼苗叶片 MDA 含量都在土壤适

宜含水量(20%)处理时最低,土壤过湿和干旱均会导致MDA含量的提高,不同光照条件下,土壤含水量变化对幼苗叶片MDA含量的影响程度也有所不同。在100%全日照环境中,相对于适宜土壤水分条件,干旱处理下的长苞铁杉幼苗叶片MDA含量提高了47.0%,轻度土壤过湿处理下MDA含量也提高了23.8%,在重度土壤过湿处理下,叶片MDA含量呈现下降趋势。在50%全日照环境中,干旱处理下的长苞铁杉幼苗叶片MDA含量相对于适宜土壤水分含量处理的幼苗叶片差别不大;轻度土壤过湿处理下MDA含量提高了43.7%,在重度土壤过湿处理下,叶片MDA含量也呈现下降趋势。在25%全日照环境中,干旱处理、轻度土壤过湿和重度土壤过湿处理下的长苞铁杉幼苗叶片MDA相对于适宜土壤水分含量处理的幼苗叶片,MDA含量差别不大。在10%全日照环境中,相对于适宜土壤水分含量处理的幼苗叶片,干旱处理下的长苞铁杉幼苗叶片,MDA含量提高了58.6%,轻度土壤过湿处理下MDA含量提高了27.6%,而在重度土壤过湿处理下,叶片MDA含量提高达82.8%。

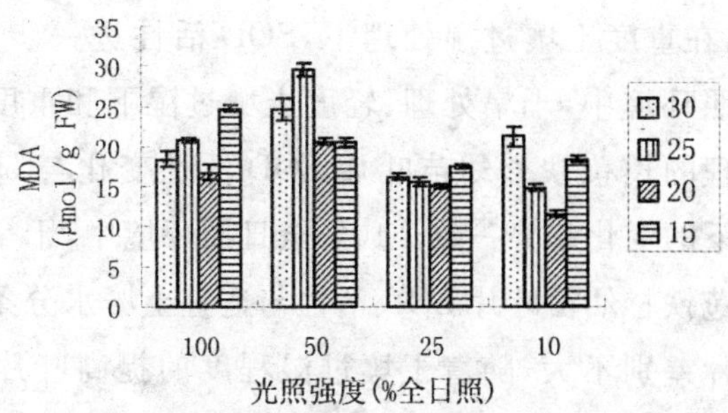

图 3-27　光照和土壤水分协同作用对长苞铁杉幼苗叶片的MDA含量的影响

Fig. 3-27　Effects of light intensity and soil water content cooperating on MDA contents in seedling leaves of *Tsuga longibracteata*

3.4.2.4 光照和土壤水分协同作用对幼苗叶片SOD活性的影响

光照强度、土壤含水量两个因素对长苞铁杉幼苗叶片SOD活性有极显著影响($P<0.01$)。不同光照条件下,土壤含水量变化对幼苗叶片SOD活性的影响也不同。如图3-28可见,100%全日照环境中,干旱处理下的长苞铁杉幼苗叶片相对于适宜条件的幼苗叶片,SOD活性提高了43.6%,轻度土壤过湿处理下SOD活性也提高了39.2%,在重度土壤过湿处理下,植物叶片已受到伤害,其SOD活性呈现下降趋势。50%全日照环境中,相对于适宜土壤水分条件的幼苗叶片,干旱处理下的幼苗叶片SOD活性提高了31.3%,轻度土壤过湿处理下SOD活性提高了

32.9%，在重度土壤过湿处理下，SOD 活性进一步提高。25%日照环境中，干旱处理、轻度土壤过湿下和重度土壤过湿处理的长苞铁杉幼苗叶片 SOD 活性变化与 50%日照条件下的变化趋势一致。10%全日照环境中，干旱处理下的长苞铁杉幼苗叶片 SOD 活性与适宜土壤水分条件的幼苗叶片差别不大，随着土壤过湿程度的提高叶片 SOD 活性相应提高，在重度土壤过湿处理下，幼苗叶片 SOD 活性提高达 94.2%。相关分析表明，长苞铁杉幼苗叶片 SOD 活性与其 MDA 含量呈极显著正相关（$P<0.01$，$R=0.649$）。

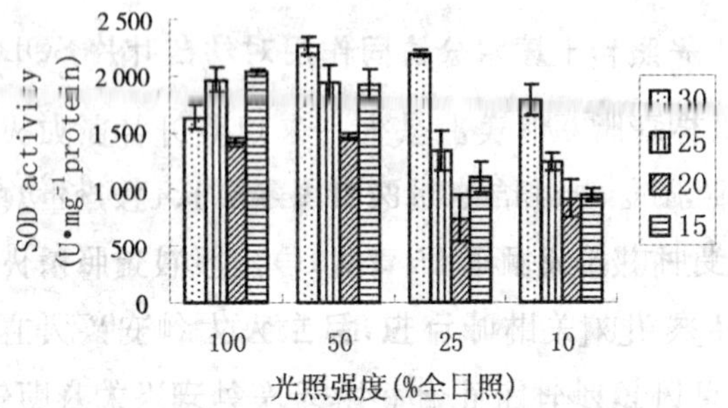

图 3-28　光照和土壤水分协同作用对长苞铁杉幼苗叶片的 SOD 活性的影响

Fig. 3-28　Effects of light intensity and soil water content cooperating on SOD activity in seedling leaves of *Tsuga longibracteata*

3.4.2.5 光照和土壤水分协同作用对幼苗叶片 POD 活性的影响

光照强度、土壤含水量两个因素对长苞铁杉幼苗叶片 POD 活性有极显著影响($P<0.01$),同时二者存在明显的交互作用,导致了综合结果较为复杂。如图 3-29,100%全日照条件中,干旱处理下幼苗叶片 POD 活性降低,轻度土壤过湿则提高了 POD 活性,重度土壤过湿又降低了 POD 活性。50%全日照条件中,干旱处理下和轻度土壤过湿均提高了幼苗叶片 POD 活性,重度土壤过湿下 POD 活性呈下降趋势。25%和 10%全日照条件下,土壤含水量对幼苗叶片 POD 活性的影响趋势是一致的,幼苗叶片在适宜土壤含水量时 POD 活性最高,干旱和轻度土壤过湿均造成 POD 活性降低,重度土壤过湿下 POD 活性又呈上升趋势。

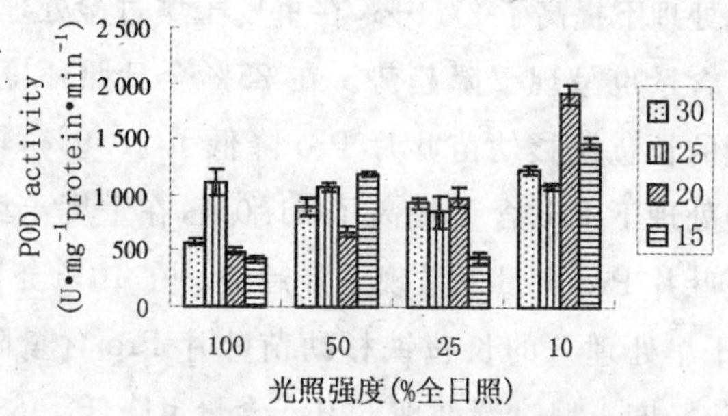

图 3-29　光照和土壤水分协同作用长苞铁杉幼苗叶片的 POD 活性的影响

Fig. 3-29　Effects of light intensity and soil water content cooperating on POD activity in seedling leaves of *Tsuga longibracteata*

3.4.2.6 光照和土壤水分协同作用对幼苗叶片脯氨酸(Pro)含量的影响

植物体内的脯氨酸含量与某些植物的抗逆性密切相关。脯氨酸由于分子量低，高度水溶性，在生理 pH 范围内无静电荷及低毒性等成为植物组织内一种理想的渗调物质。光照强度、土壤含水量两个因素对长苞铁杉幼苗叶片(Pro)有极显著影响($P<0.01$)。如图 3-30，在 100%全日照环境中，干旱处理下的长苞铁杉幼苗叶片 Pro 含量降低了 43.6%，轻度土壤过湿处理下 Pro 含量与土壤适宜水分处理下的含量基本一致，在重度土壤过湿处理下，叶片 Pro 含量又呈现下降趋势。在 50%全日照环境中，干旱处理下的长苞铁杉幼苗叶片 Pro 含量略有提高，轻度土壤过湿处理下提高了 27.9%，在重度土壤过湿处理下，叶片 Pro 含量也呈现下降趋势。在 25%全日照环境中，干旱处理的长苞铁杉幼苗叶片 Pro 降低了 22.9%，轻度土壤过湿处理下 Pro 含量提高了 11.0%，在重度土壤过湿处理下叶片 Pro 含量也呈现下降趋势。在 10%全日照环境中，干旱处理下的长苞铁杉幼苗叶片 Pro 含量降低了 32.8%，轻度土壤过湿处理下 Pro 含量也降低了 55.6%，而在重度土壤过湿处理下叶片 Pro 含量提高 14.0%。相对其他植物而言，长苞铁杉幼苗受到土壤水分过多或者干旱胁迫时，其叶片 Pro 含量的变化幅度较小，叶片 Pro 可

能不适合作为长苞铁杉的抗旱指标。

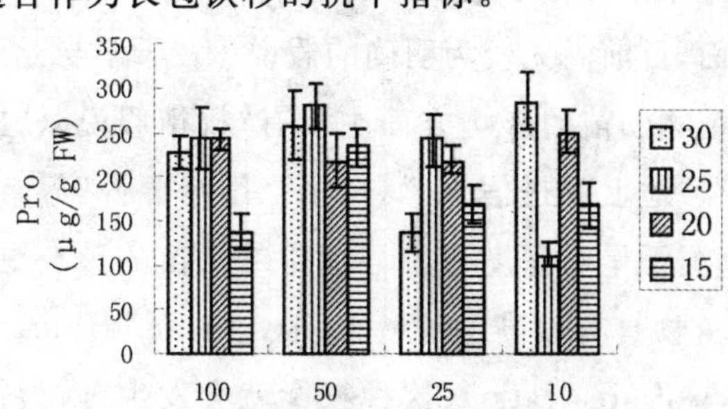

图 3-30　光照和土壤水分协同作用对长苞铁杉幼苗叶片的Pro含量的影响

Fig. 3-30　Effects of light intensity and soil water content cooperating on Pro contents in seedling leaves of *Tsuga longibracteata*

3.4.2.7 讨论

在树木生活周期中，幼苗阶段是个体生长最为脆弱，对环境变化最为敏感的时期，土壤干旱和水分过多都可以抑制植物幼苗的生长。干旱胁迫可破坏植物细胞膜结构，造成细胞原生质损伤，减弱光合作用，影响呼吸作用正常进行，影响内源激素、氮、核酸的正常代谢，重新分配植物体内水分，引起酶系统的变化等抑制植物的生长。而土壤水分过多对植物的危害并不在于水分本身，而是在于水分过多引起的根系缺氧，从而产生一系列危害（李合生，2002）。植物叶片可以通过多种生理途径进行调节，以适应土壤水分环境的变化。

在土壤水分过多与光照条件协同作用对植物幼苗的影响方面，目前尚无较为明确的假说。在干旱与光照协同作用对植物幼苗的影响方面主要有“权衡假说”、“主要限制假说”、“地上促进假说 ”和“相互影响假说”等。“权衡假说”预测干旱对深度遮阴环境中的幼苗的影响更大，如果阴生植物具有较高的比叶面积（specific leaf area）和叶面积比（leaf area ratio），这种权衡就会发生，因为得到较高的光辐射捕获能力是以根部生物量分配为代价的，这会导致对干旱更敏感（Smith and Huston，1989）。另两种假说认为干旱仅仅对深度遮阴环境中的幼苗有微弱的影响。其中“主要限制假说”（Canham et al.，1996）认为，遮阴越重，水分对生长的限制越小，因此干旱的影响也越小。另外一个是“地上促进假说”（Holmgren，2000），认为叶片和空气温度、蒸汽压不足和氧化胁迫在强光照下将加重干旱的影响，而遮阴可以降低这些影响。“相互影响假说”（Holmgren et al.，1997），则认为干旱的影响在强光照和深度遮阴下强，在中度遮阴下弱。

McLaren 和 McDonald（2003）研究了四种热带干旱森林树种（*Calyptranthes pallens*，*Eugenia sp.*，*Hypelate trifolia and Metopium brownii*）幼苗的初期生长和存活对光照与土壤湿度的反应，发现幼苗的死亡率在旱季非常高，而在雨季开始时变得稳定。强光照增加幼苗的死亡率，而水分的补充可以延长幼苗的存活时间，强光照在雨季促进幼苗生长而在旱季增加幼苗的死亡率。

本研究综合不同光照条件下各土壤含水量梯度下长苞铁杉幼苗存活率、幼苗叶片生理指标的变化，在干旱与光照协同作用对植物幼苗的影响方面支持“地上促进假说”，认为长苞铁杉幼苗叶片和空气温度、蒸汽压不足和氧化胁迫在强光照下会加重干旱的影响，而遮阴可以降低不利因素的影响；另外，在土壤水分过多与光照协同作用对植物幼苗的影响方面认为，弱光照和强光照加重了土壤水分过多引起的根系缺氧产生的一系列伤害，而中等强度光照在一定程度上能降低不利因素的影响。

3.4.3 菌根对长苞铁杉种子萌发，幼苗生长和常量累积的影响

3.4.3.1 菌根接种对长苞铁杉种子萌发的影响

由图 3-31 可见，有接种菌根的苗床长苞铁杉幼苗发生率为 28.9%，没有接种菌根的对照组幼苗发生率为 25.4%，方差分析表明，接种菌根处理对长苞铁杉幼苗发生没有显著影响（$P>0.05$）。

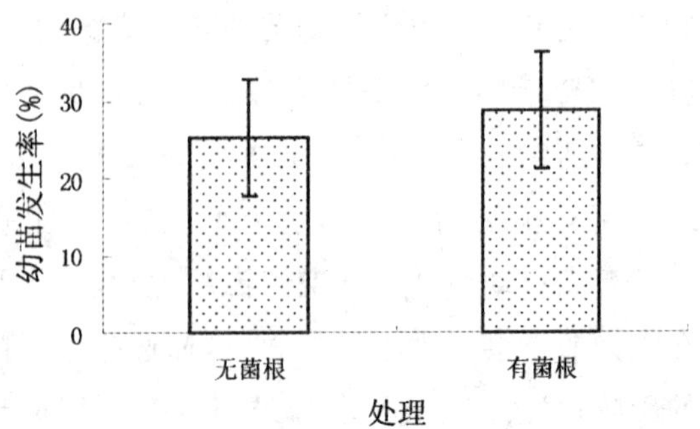

图 3-31 菌根处理对长苞铁杉幼苗发生率的影响

Fig. 3-31 Seedling emergence rate in plots of inoculating with the ectotrophic mycorrhizal epiphyteon treatment and CK

3.4.3.2 菌根接种处理后长苞铁杉幼苗的菌根感染率

实验表明，栽培在接种天然菌根上处理苗床中的长苞铁杉幼苗在1个月后其根部形成少量肉眼可见的菌根，可以观察到幼苗根系结构改变，根毛消失，在根尖表面布满菌丝，而对照区幼苗上未发现菌根。6个月后随机取样，测定幼苗菌根侵染率，真菌的菌根侵染率都在75%以上，较对照均达极显著水平($P<0.01$)。

3.4.3.3 菌根感染对长苞铁杉幼苗高度过程的影响

由图3-32可见，从有无菌根接种处理的长苞铁杉幼苗的高生长过程看，最初(4月25日)苗木的高度几乎无差异，接种1个月后差异明显地表现出来，菌根菌接种处理的苗高生长量超过未接种的苗高生长量。最终(9月30

日)的测定结果表明,与对照处理相比较,接种的苗高生长量提高了23.9%。

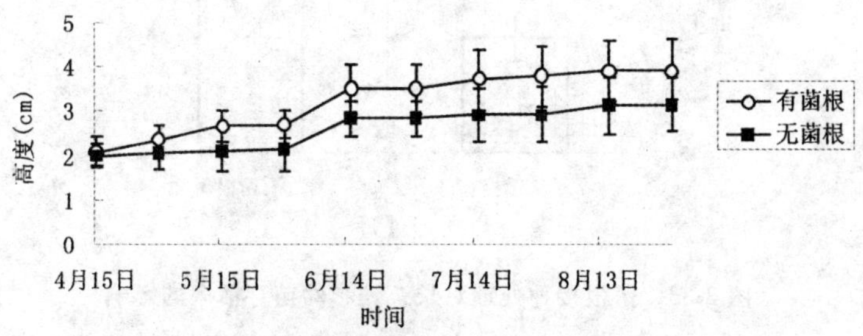

图 3-32　菌根感染对长苞铁杉幼苗高度过程的影响

Fig. 3-32　Dynamic of seedling height in plots of inoculating with the ectotrophic mycorrhizal epiphyteon treatment and CK

3.4.3.4 菌根接种对长苞铁杉幼苗存活率的影响

图 3-33 为经过一个生长季,菌根接种对长苞铁杉幼苗存活率的影响。由图 3-33 可见,经菌根接种处理的幼苗存活率为 71.8%,对照组为 38.9%,方差分析表明,接种菌根处理可以显著提高长苞铁杉幼苗的存活率($P<0.05$)。

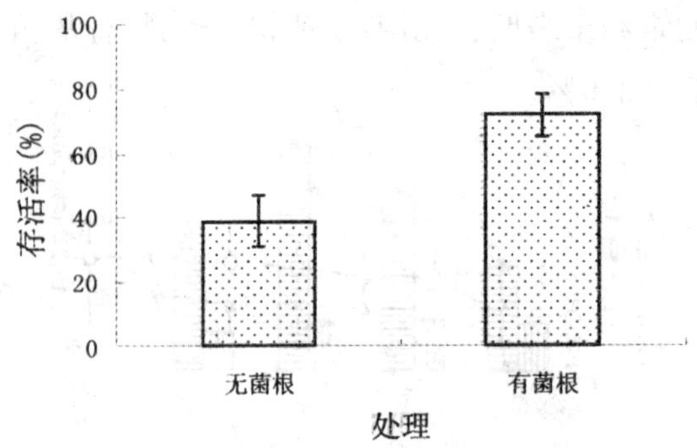

图 3-33 菌根接种处理对长苞铁杉幼苗存活率的影响

Fig. 3-33 Seedling survival rate in plots of inoculating with the ectotrophic mycorrhizal epiphyteon treatment and CK after one growing season

3.4.3.5 菌根接种对长苞铁杉幼苗生长的影响

接种外生菌根真菌对长苞铁杉幼苗生长的影响较大。首先从幼苗的外观形态来看，接菌实验区幼苗长势旺盛，生长健壮、整齐、叶色深绿，与对照区形成鲜明对比，菌根化幼苗的质量明显优于对照组无菌根感染的幼苗。其次，在幼苗高生长和根系生长上，由表 3-21 可见，接种菌根处理对长苞铁杉幼苗高度生长和根系生长有显著的促进作用，经过一个生长季，接种菌根处理的长苞铁杉幼苗的高度和根长与对照相比，分别增加了 26.4%和 82.8%。接种菌根处理对幼苗在生物量累积方面也有影响，从表 3-21 可以看到，接种菌根的长苞铁杉幼苗根生物量、叶生物量和总生物量较对照差异均达极显著水平($P<0.01$),其中根生物量比对照增加了 90.7%,叶生物量增加 62.1%,总生物量增加 66.5%。

根冠比、叶重比、茎重比、根重比和叶/地上比等指标经常作为衡量植株生长状态特别是植株对土壤水分、养分状态反应的一个指标。由表 3-21 可见本实验中以上各指标菌根接种幼苗与对照组均无显著差别,这表明外生菌根的接种对幼苗生长整体上具有促进作用,对幼苗地上部分与地下部分生物量的总体分配并没有产生显著的影响。

表 3-21　菌根接种处理对幼苗生长与生物量累积的影响

Tab. 3-21　Ecfects of seedling growing, biomass cumulation and distribution in plots of inoculating with the ectotrophic mycorrhizal epiphyteon treatment and CK

指标	有菌根幼苗	无菌根幼苗	P
高度(cm)	5.27±0.87	4.17±0.50	0.020
根长(cm)	12.70±1.14	6.96±1.65	0.000
根(g)	0.0452±0.0074	0.0237±0.0081	0.000
茎(g)	0.0153±0.0036	0.0117±0.0023	0.059
叶(g)	0.0572±0.0080	0.0353±0.0062	0.000
总生物量(g)	0.1178±0.0119	0.0707±0.0124	0.000
根冠比	0.636±0.140	0.506±0.168	0.173
叶重比	0.486±0.047	0.502±0.054	0.583
茎重比	0.130±0.025	0.169±0.041	0.065
根重比	0.384±0.053	0.328±0.071	0.148
叶/地上部分	0.789±0.036	0.749±0.046	0.119

3.4.3.6 菌根接种对长苞铁杉幼苗营养元素累积的影响

2005 年 10 月实验结束后，对接种菌根处理长苞铁杉幼苗和对照组的 N、P、K 养分含量的分析结果表明，接菌处理的幼苗地上部分和地下部分 N、P、K 含量均显著高于对照接种幼苗($P<0.05$)。其中 N、P、K 三种营养元素中，接种外生菌根真菌对幼苗 P 含量的影响最大，各处理幼苗地上部分和地下部分 P 含量均极显著高于对照($P<0.01$)。接菌处理幼苗地上部分和地下部分 P 含量分别高出对照 29.7%和27.8%。实验的结果表明：接种外生菌根真菌有利于长苞铁杉幼苗根系对 N、P、K 三种营养元素尤其是 P 的吸收。

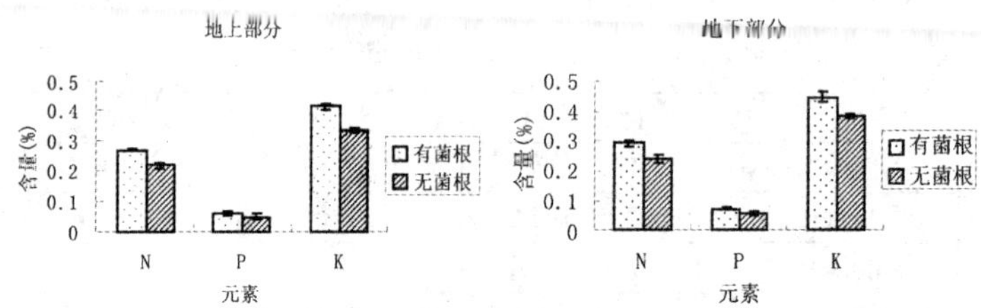

图 3-34 菌根接种处理对幼苗地上部分和地下部分 N、P、K 含量的影响

Fig. 3-34 N, P, K contents of *Tsuga longibracteata* seedlings of upground and underground in inoculating with the ectotrophic mycorrhizal epiphyteon treatment and CK

3.4.3.7 讨论

外生菌根是子囊菌和担子菌与植物营养根——特别

是木本植物形成的共生体，它已成为森林生态系统研究的重要内容。外生菌根对高等植物生长促进的本质在于增强了植物从土壤中获取水分和养分特别是磷营养的能力，并进一步改善植物的代谢机能。外生菌根的形成可使树木依靠菌根菌的帮助对单位体积土壤中的水分和养分的吸收能力大大增强，而且也扩大了吸收的范围；同样的投入条件下，菌丝的吸收面积和吸收长度要比根系的分别大10倍和1 000倍(赵忠等，1997；杨国亭等，1999；阎秀峰，2002)。

美国林务局通过对几种松树的接种实验结果表明，菌根接种一般可使苗木生长量提高1倍，如火炬松苗木的体积要比未接种的增加31%～52%，弗吉尼亚松增加28%～50%，白松增加500%，且越是贫瘠的土壤增长愈大(江苏省微生物研究所农微组，1981)。我国对马尾松、樟子和几种国外松的菌根观察和育苗造林实验，也认为：通过菌根接种，可使苗木出苗率、生长量、造林成活率和林木抗病力大大提高(孟繁荣等，1991；马琼，2005)。

本文综合对比了天然菌根土接种处理和未接种长苞铁杉种子的萌发率、菌根侵染率、幼苗高生长过程、生物量分配和氮磷钾含量等方面的差异认为：外生菌根接种对长苞铁杉幼苗生长、存活和氮磷钾养分的吸收有明显的促进作用；利用天然菌根土作为接种物，可以在长苞铁杉林育苗与造林中推广。

3.4.4 火干扰对长苞铁杉更新的影响

3.4.4.1 长苞铁杉幼苗在模拟林火干扰迹地中的建立

2004 年 3 月 23 日前的调查未见长苞铁杉种子萌发，4 月 8 日调查时，发现模拟林火干扰样地和人工刈割杂草样地有种子萌发出土，而对照样地中未见幼苗发生。在种子萌发总数不再增加时对各样地幼苗发生数量进行统计，结果如图 3-35 表示。由图 3-35 可见，长苞铁杉在模拟林火干扰样地的幼苗发生率为 13%，在人工刈割杂草样地为 10.5%，而对照样地中未见幼苗发生。模拟林火干扰样地长苞铁杉幼苗发生率略高于人工刈割杂草样地，但差异并不显著（$P>0.05$）。

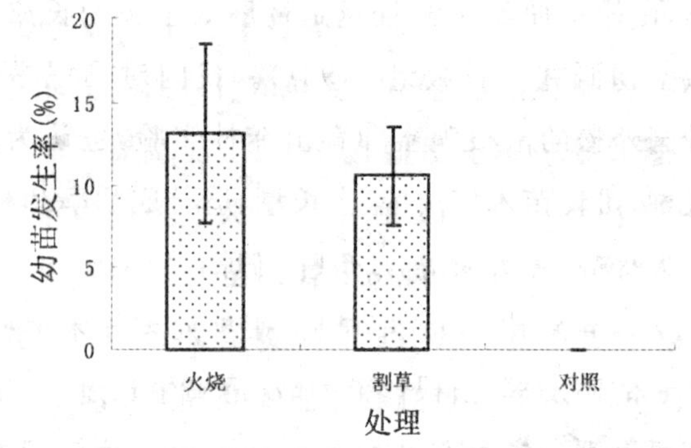

图 3-35　模拟林火干扰处理和人工刈割杂草处理下幼苗发生率

Fig. 3-35　Seedling emergence rate in plots of simulant forest fire disturbed treatment and artificial mowing treatment

3.4.4.2 模拟林火样地与人工刈割杂草样地中幼苗的存活动态及其死亡原因

幼苗发生后,由于干扰因素的作用,部分幼苗开始死亡。图 3-36 为模拟林火干扰样地和人工刈割杂草处理样地幼苗死亡原因分析。

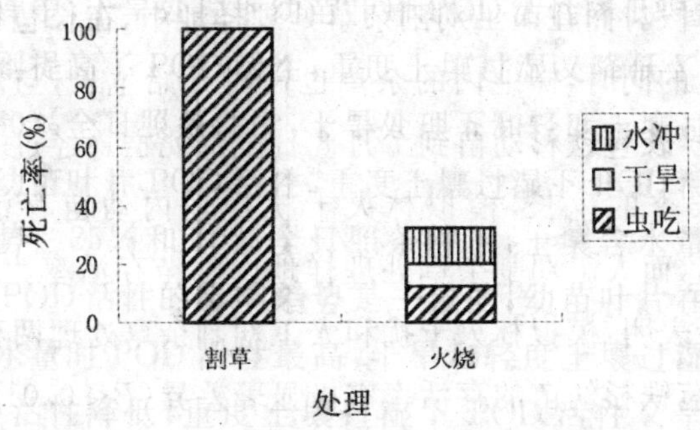

图 3-36 模拟林火干扰处理和人工刈割杂草处理下长苞铁杉幼苗的存活率

Fig. 3-36 Seedling survival rate in plots of simulant forest fire disturbed treatment and artificial mowing treatment after one growing season

由图 3-36 可见,昆虫取食、雨水冲刷和干旱是长苞铁杉幼苗死亡的重要原因。不同处理样地幼苗死亡原因有所不同。人工刈割杂草处理样地中,长苞铁杉幼苗的死亡全部由昆虫取食引起,而模拟林火干扰样地中,昆虫取食、雨水冲刷和干旱造成的长苞铁杉幼苗死亡率分别为

12%、12%和8%。

图3-37为模拟林火干扰和人工刈割杂草处理样地中幼苗存活数量动态。由图3-37可以看出长苞铁杉幼苗发生在各样地中是一致的，而死亡时间在不同处理样地中有所差别。在模拟林火干扰样地中，长苞铁杉幼苗发生在外界不利条件的干扰下陆续死亡，到7月8日幼苗数量达到稳定阶段。而在人工刈割杂草处理样地中，在长苞铁杉幼苗发生的同时，样地内的杂草也同时开始生长，与幼苗进行竞争，长苞铁杉幼苗到7月8日全部死亡。经过一个完整生长季的生长，模拟林火干扰样地内幼苗存活率为68.1%，而人工刈割杂草处理样地内幼苗存活率为0。方差分析表明，模拟林火干扰和人工刈割杂草处理两种处理下，长苞铁杉幼苗的存活率有极显著差异($P<0.01$)。

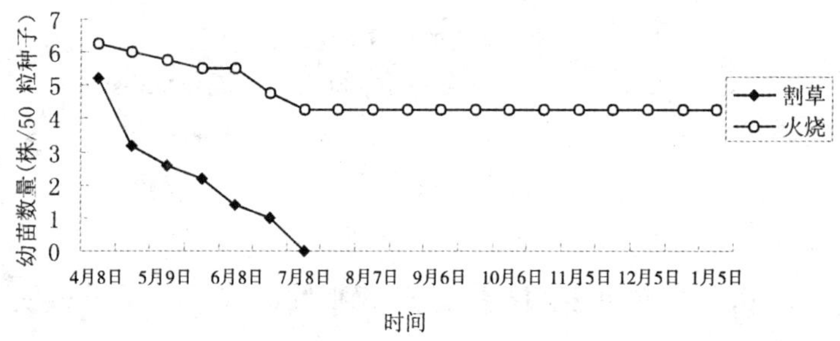

图3-37 模拟林火干扰处理和人工刈割杂草处理下幼苗数量动态

Fig. 3-37 Dynamic of seedling survival quantity in plots of simulant forest fire disturbed treatment and artificial mowing treatment

3.4.4.3 模拟林火样地与人工刈割杂草样地中幼苗的高生长动态

图 3-38 为模拟林火干扰和人工刈割杂草处理样地幼苗平均高度动态。由图 3-38 可见，在长苞铁杉幼苗生长的早期，模拟林火干扰样地幼苗平均高度低于人工刈割杂草处理样地幼苗。另外，与前面开展的不同群落类型长苞铁杉幼苗建立研究、林窗中长苞铁杉幼苗建立研究的结果相比，模拟林火干扰和人工刈割杂草处理样地的幼苗高度生长明显较慢，这可能与模拟林火干扰和人工刈割杂草处理样地内幼苗生长环境光照过强有关。

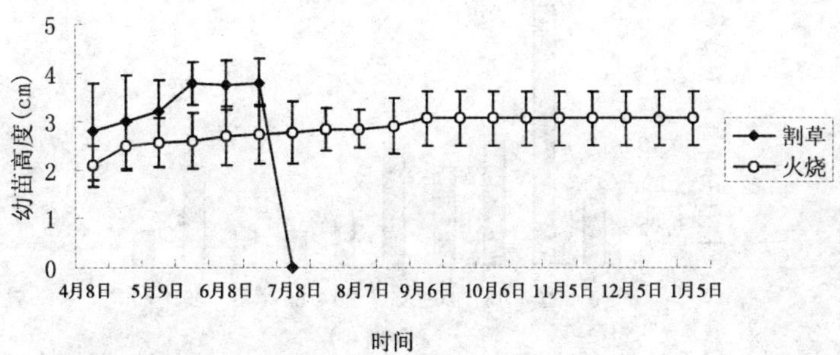

图 3-38　模拟林火干扰处理和人工刈割杂草处理下幼苗高生长动态

Fig. 3-38　Dynamic of seedling height in plots in plots of simulant forest fire disturbed treatment and artificial mowing treatment

3.4.4.4 长苞铁杉在现实火灾迹地中的更新

图 3-39 为现实火灾更新迹地中长苞铁杉植株分布密度的空间格局，由图 3-39 可见在距离母树主干 0～5 m 的范围内，长苞铁杉更新植株的密度为 0.08 株/m^2，由于距离母树主干 0～5 m 的区域均在母树的树冠下，母树树冠的遮阴作用是造成该区域更新植株的密度较低的可能原因。而距离母树主干 5 m～10 m 的范围内，长苞铁杉更新植株的密度最大，为 0.32 株/m^2；在母树的树冠外，长苞铁杉更新植株的密度随着距离母树主干距离的加大有下降的趋势($R=-0.762$，$P<0.05$)。

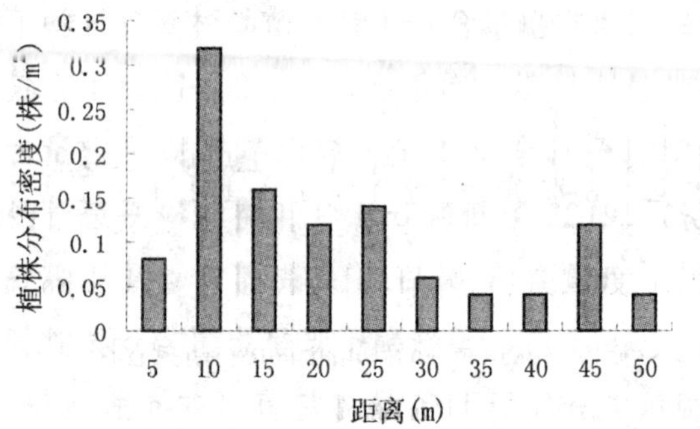

图 3-39 火灾更新迹地中长苞铁杉植株分布密度的空间格局

Fig. 3-39 Special pattern of distributing density of saplings and seedlings of *Tsuga longibracteata* in actual forest fire vestige ground

图 3-40 为火灾更新迹地中长苞铁杉植株平均高度的

分布格局，图 3-41 为火灾更新迹地中长苞铁杉植株平均基径的分布格局。由图 3-40 和图 3-41 可见，火灾更新迹地中长苞铁杉植株平均高度的分布格局和长苞铁杉植株平均基径的空间分布格局符合二项式分布，其决定系数 R^2 均大于 0.80。

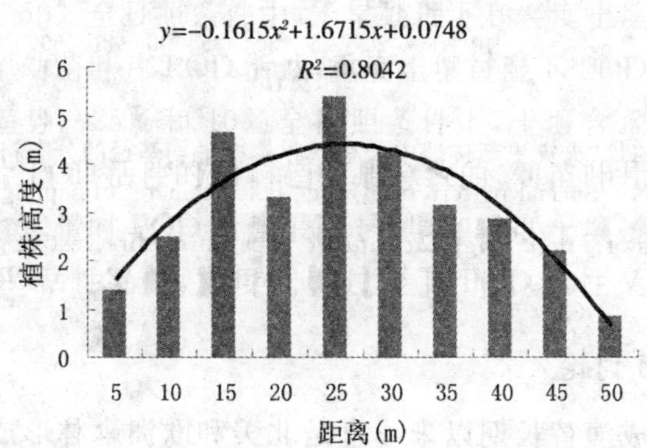

图 3-40　火灾更新迹地中长苞铁杉植株平均高度的分布格局

Fig. 3-40　Special pattern of average height of saplings and seedlings of *Tsuga longibracteata* in actual forest fire vestige ground

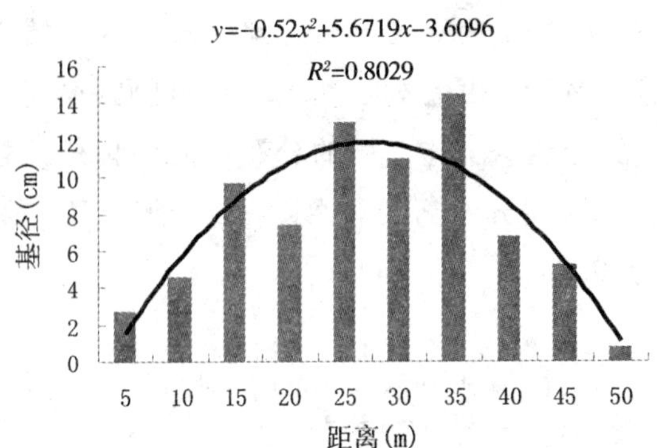

图 3-41　火灾更新迹地中长苞铁杉植株平均基径的分布格局

Fig. 3-41　Special pattern of average field diameter of saplings and seedlings of *Tsuga longibracteata* in actual forest fire vestige ground

3.4.4.5 讨论

火成演替长期以来一直是北美和欧洲森林形成过程的研究重点之一(Agee, 1993; Franklin et al., 2001),火使耐火树种较好地定居、发育,而不耐火的物种受到抑制。我国在大兴安岭大火之后,进行了相关的考察与研究工作,表明在大兴安岭兴安落叶松等树种通过树皮增厚、快速萌芽、种子风播等机制来适应周期性的火灾(郑焕能和乌宏奇, 1991)。

长苞铁杉在模拟林火干扰样地的幼苗发生率为13%,在人工刈割杂草样地为10.5%,而对照样地中未见幼苗发生,可见杂草的遮阴作用对长苞铁杉幼苗的发生不利。经过一个完整生长季的生长,模拟林火干扰样地内幼苗存活率为68.1%，而人工刈割杂草处理样地内幼苗存活率为0。在模拟林火干扰样地中，由于火对杂草根部和土壤种子库的破坏作用，杂草生长落后于长苞铁杉幼苗发生，因此对长苞铁杉幼苗的存活有利；而在人工刈割杂草处理样地中，在长苞铁杉幼苗发生的同时，样地内的杂草也同时开始生长并对幼苗造成竞争，因此提高了长苞铁杉幼苗死亡率。与前面开展的不同群落类型长苞铁杉幼苗建立研究、林窗中长苞铁杉幼苗建立研究的结果相比，模拟林火干扰样地的幼苗高度生长明显较慢，这可能与模拟林火干扰样地光照过强有关。

长苞铁杉具有与大兴安岭的一些适应火成演替相类似的机制——树皮较厚、种子风播。森林火灾迹地中，长苞铁杉更新植株的密度随着距离母树主干距离的加大有下降的趋势。火灾更新迹地中长苞铁杉植株平均高度的分布格局和长苞铁杉植株平均基径的空间分布格局符合二项式分布。可见，长苞铁杉幼苗可以在森林火灾迹地中完成其生活史。邹惠渝和周晓白(1994)对长苞铁杉的更新特性做了初步研究，也认为长苞铁杉为阳性树种，其幼苗可以在森林火灾迹地、岩石裸露地等退化林地中天然更新良好。

第四章 结论与创新

1. 长苞铁杉种子雨开始于11月上旬，结束于12月下旬，持续时间约50天，其种子雨输入的高峰均在11月下旬。不同群落中长苞铁杉种子的输入量均存在极显著的年度波动。空气相对湿度对种子雨日输入密度有显著影响。长苞铁杉孤立木的种子雨在树冠下的输入密度均有先升后降的趋势。长苞铁杉孤立木种子雨在近距离内没有明显的方向性。风是长苞铁杉种子远距离被动扩散中最主要的环境营力。长苞铁杉种子在林冠外的扩散距离为25 m～30 m。

2. 光照状况不对长苞铁杉幼苗发生起主要作用；较厚的凋落物层有一定的保水保温作用，可以促进长苞铁杉幼苗的发生。光照是长苞铁杉幼苗存活的限制因子，长苞铁杉幼苗的生长与存活需要较强的光照强度；较厚的凋落物层不利于长苞铁杉幼苗的存活与生长。

3. 长苞铁杉为先锋树种，其幼苗建立需要依赖中等大小以上（$>50\ m^2$）的林窗。

4. 在林窗内不同位置对长苞铁杉幼苗建立有显著影响，林窗中心与中部较适合幼苗存活与生长。从林冠下到林窗中心，长苞铁杉种子的幼苗发生率有增高趋势。林窗位置对幼苗的存活率有显著影响，林窗中部内幼苗存活率最高，林窗边缘和林下环境较不适合长苞铁杉幼苗存活。林窗中心样地幼苗平均高度最高，林窗中部幼苗次之。

5. 长苞铁杉无法在小林窗中完成其生活史，可以在中等大小以上的林窗中和全日照生境中完成其生活史。

6. 50%全日照附近是长苞铁杉育苗的适宜光照强度。50%全日照条件下，长苞铁杉种子萌发率和幼苗存活率最高。50%全日照条件下，幼苗根、茎、叶及总生物量最高；50%全日照对长苞铁杉幼苗有轻微胁迫，但在该光照条件下长苞铁杉幼苗生长最快。

7. 强光照加重了干旱对幼苗的伤害，遮阴可以降低不利因素的影响；在光照与土壤过湿协同作用对幼苗的影响方面，强光照和弱光照加重了土壤水分过多引起的伤害，中等强度光照可以降低不利因素的影响；在50%和25%全日照条件下，长苞铁杉幼苗对土壤水分过多和干旱胁迫的忍耐能力较强。

8. 外生菌根接种可以提高长苞铁杉在土壤贫瘠区域的更新能力。外生菌根接种对长苞铁杉幼苗的生长和N、P、K养分的吸收有明显的促进作用，但对生物量在根、茎、叶等器官中的分配没有显著影响。

9. 杂草的竞争不利于长苞铁杉种子萌发和幼苗存活，长苞铁杉可以在森林火灾迹地中完成其生活史。

本文的创新点主要有以下两点：

1. 在研究方法上，采取了定位跟踪观测和双因子协同作用的方法研究环境因子对植物更新的影响。

2. 在研究思路上，将外生菌根接种与植物在土壤贫瘠区域的生长存活能力相联系研究生物因子对植物更新的影响。

参考文献

1. Agee J K. Fire Ecology of Pacific Northwest Forests. *Washington DC*: *Island Press*, 1993.

2. Argaw M, Teketay D, Olsson M. Soil seed flora, germination and regeneration pattern of woody species in an Acacia woodland of the Rift Valley in Ethiopia. *Journal of Arid Environments*, 1999, 43: 411—435.

3. Ashton M S, Larson B C. Germination and seedling growth of Quercus (section *Erythrobalanus*) across openings in a mixed-deciduous forest of southern New England, USA. *Forest Ecology and Management*, 1996, 80: 81—94.

4. Augspurger C K. Light requirenments of Neotropical tree seedlings: a comparative study of growth and survival. *Journal of Ecology*, 1984, 72: 777—795.

5. Augustoa L, Dupoueyb J L, et al. Potential contribution of the seed bank in coniferous plantations to the restoration of native deciduous forest vegetation. *Acta Oecologica*, 2001, 22: 87—98.

6. Bongers F, Popma J, Iriarte-Vivar S. Response of *Cordia megalantha* Blake seedlings to gap environments in tropical rain forest. *Functional Ecology*, 1988, 2: 370—379.

7. Borman F H, Likens G E. Pattern and process in a forested ecosystem. *New York: Springer—Verlag*, 1979.

8. Brenchley W E, Warington K. The weed seed population of arable land. *Ecology*, 1930, 18: 235—272.

9. Brokaw N V. Gap-phase regeneration in a tropical forest. *Ecology*, 1985, 66(3): 682—687.

10. Brown N. Agradient of seedling growth from the centre of tropical rain forest canopy gap. *Forest Ecology and Management*, 1996, 82: 239—244.

11. Cairns J Jr. Restoration ecology. *Encyclopedia of Environmental Biology*, 1995, 3: 223—235.

12. Campbell D J, Atkinson I A E. Depression of tree recruitment by the Pacific rat (*Rattus exulans* Peale) on New Zealand's northern of shore islands. *Biological Conservation*, 2002, 107: 19—35.

13. Canham C D, Berkowitz A R, Kelly V R, et al. Biomass allocation and multiple resource limitation in tree seedlings. *Canadian Journal of Forest Research*, 1996,

26：1521—1530.

14. Castro J，Gomez J M，Garcia D，et al. Seed predation and dispersal in relict Scots pine forests in southern Spain. *Plant Ecology*，1999，145 (1)：115—123.

15. Cater T C，Chapin F S. Diffrerntial effects of competition or microenvironment on boreal tree seedling establishment after fire. *Ecology*，2000，81(4)：1086—1099.

16. Connell J H. Some processes affecting the species composition in forest gap. *Ecology*，1989，70(3)：560—562.

17. Cremer K W. Dissemination of seed form *Eucalyptus regnan*. *Australian Forest*，1965，(1)：33—37.

18. Culver G B. The fate of Viola seed by ants. *American Journal of Botany*，1980，67：710—714.

19. Dekker M，de Graaf NR. Pioneer and climax tree regeneration following selective logging with silviculture in Suriname. *Forest Ecology and Management*，2003，172：183—190.

20. Denslow J S，Gomez D A E. Seed rain to tree—fall gaps in a Neotropical rain forest. *Canadian Journal of Forest Research*，1990，20：642—648.

21. Diamond J. Reflections of goals and on the rela-

tionship between theory and practice. In: W. R. Ⅲ. Jordan et al. *Restoration Ecology: A Synthetic to Ecological Research. Cambridge: Cambridge University Press*, 1987, 329—336.

22. Ellison A M, Denslow J D, Loiselle B A, Brenes M D. Seed and seedling ecology of neotropical Melastomaceae. *Ecology*, 1993, 74: 1733—1749.

23. Franklin J, Syphard A D, Mladenoff D J et al. Simulating the effects of different fire regimes on plant functional groups in Southern California. *Ecological Modelling*, 2001, 142: 261—283.

24. Gardiner E S, Hodges, J D. Growth and biomass distribution of cherrybark oak (Quercus pagoda Raf.) seedlings as influenced by light availability. *Forest Ecology and Management*, 1998, 108: 127—134.

25. Garwood N C. Seed germination in a seasonal tropical forest in Panama: a community study. *Ecological Monographs*, 1983, 53: 159—181.

26. Garwood N C. Tropical soil seed banks: a review. In Leck M A, Parker V T, Simpson R L. (*eds*) *Ecology of Soil Seed Banks, San Diego: Academic Press*, 1989, 149—203.

27. Gashwiller J S. Conifer seed survival in Western

Oregon clearcuts. *Ecology*, 1967, 48(3): 431—438.

28. Graber K E. Natural seed fall in white pine (*Pinus strobes*) stands of varing density. U. S. D. A. *Forest Reseach*, 1970, Note (Ne—119): 1—6.

29. Green D S. The efficacy of dispersal in relation to safe density. *Oecologia*, 1983, 56: 356—358.

30. Grime J P. Shape tolerance in flowering plants. *Nature*, 1965, 208: 161—163.

31. Grime J P. The role of seed dormancy in vegetation dynamics. *American Applied Biology*, 1981, 98: 555—558.

32. Grubb, P J. The maintenance of species richness in plant community importance of the regeneration niche. *Biological Review*, 1997, 57: 107—145.

33. Hall J B, Swaine M D. Seed stocks in Ghanainan forest soils. *Biotropica*, 1980, 12: 256—268.

34. Harper J P. Population biology of plants. *Londan& New York Academic Press*, 1977, 33—151.

35. Heath R L and Packer L. Photoperoxidation in isolated chloroplasts. I. Kinetics and stoichiometry of fatty acid peroxidation. *Archives Biochemistry and Biophysics*, 1968, 125: 189—198.

36. Herrera C M, Jordano P, Guitian J & Traveset

A. Annual variability in seed production by woody plants and the masting concept: Reassessment of principle and relationship to pollination and seed dispersal. *American Naturalist*, 1998, 152: 576—594.

37. Hogetsu, T. A hidden actor in the forest ecosystem: symbio sis between trees and ectomycorrhizal fungi. *Protein, Nucleic Acid and Enzyme*, 1998, 43: 1246—1253.

38. Holl K D. Factors limiting tropical rain forest regeneration in abandoned pasture: Seed rain, seed germination, microclimate, and soil. *Biotropica*, 1999, 31: 29—242.

39. Holl K. D et al. Tropical Montane Forest Restoration in Costa Rica: overcoming barriers to dispersal and establishment. *Restoration Ecology*. 2000, 8, 339—349.

40. Holmgren M, Scheffer M, Huston M A. The interplay of facilitation and competition in plant communities. *Ecology*, 1997, 78: 1966—1975.

41. Holmgren M. Combined effects of shade and drought on tulip poplar seedlings: trade—off in tolerance or facilitation? *Oikos*, 2000, 90: 67—78.

42. Howe H F. and J Smallwood. Ecology of seed dispersal. *Annual Review of Ecology and Systematics*,

1982, 13: 201—228.

43. Howlett B E, Davisdson D W. Effects of seed availability, site conditions, and herbivory on pioneer recruitment after logging in Sabah, *Malaysia*. *Forest Ecology and Management*, 2003, 184: 369—383.

44. King D A. Allocation of above ground growth is relatedt Light intemperate deciduous saplings. *Functional Ecology*, 2003, 17(4): 482—488.

45. Loiselle B A, Ribbens E, Vargas O. Spatial and temporal variation of seed rain in tropical lowland wet forest. *Biotropica*, 1996, 28(1): 82—95.

46. McLaren K P, McDonald M A. The effects of moisture and shade on seed germination and seedling survival in a tropical dry forest in Jamaica. *Forest Ecology and Management*, 2003, 183: 61—75.

47. Minotta G, Pinzauti S. Effects of light and soil fertility on growth, leaf chlorophyll content and nutrient use efficiency of beech (*Fagus sylvatica* L.) seedlings. *Forest Ecology and Management*, 1996, 86: 61—71.

48. Myers G P, Newton A C, Melgarejo O. The influence of canopy gap size on natural regeneration of Brazil nut (*Bertholletia excelsa*) in Bolivia. *Forest Ecology and Management*, 2000, 127: 119—128.

49. Nakagaw M, Kurahashi A, Hogetsu T. The regeneration characteristics of *Picea jezoensis* and *Abies sachalinensis* on cut stumps in the sub-boreal forests of Hokkaido Tokyo University. *Forest Ecology and Management*, 2003, 180: 353—359.

50. Narukawa Y, Yamamoto S. Development of conifer seedlings roots on soil and fallen logs in boreal and subalpine coniferous forests of Japan. *Forest ecology and management*, 2003, 175: 131—139.

51. Nathan R, Safriel U N, Noy — Meir J and G Schiller. Spatiotemporal variation in seed dispersal and recruitment near and far from *Pinus halepensis* trees. *Ecology*, 2000, 81: 2156—2169.

52. Ncotra A B, Chazdon R L, et al. Spatial heterogeneity of light and woody seedling regeneration in tropical wet forests. *Ecology*, 1999, 80(6): 1908—1926.

53. Ng F S P. Strategies of establishment in Malaysian forest trees. In Tomlison P B, Zimmermann M H. (eds) *Tropical Trees as Living systems*, London: *Cambridge University Press*, 1978, 129—162.

54. Oliver C D, Larson B C. Forest Stand Dynamic. *New York*: *MeGrraw-Hill*, *Inc*, 1990, 1—140.

55. Poorter L. Growth response of 15 rain-forest tree

species to a light gradient: the relative importance of morphological and physiological traits. *Functional Ecology*, 1999. 13: 396—410.

56. Runkle J R. Gap regeneration in some old growth forests of the eastern United States. *Ecology*, 1981, 62 (4): 1041—1051.

57. Scholes J D, Press M C, Zipperlen S W. Differences in light energy utilization and dissipation between dipterocarp rain forest tree seedlings. *Oecologia*, 1997, 109: 41—48.

58. Seiwa K, Watanabe A, Saitoh T'et al. Effects of burying depth and seed size on seedling establishment of Japanese chestnuts, *Castanea crenata*. *Forest Ecology and Management*. 2002, 164: 149—156.

59. Shaw M W. Factors affecting the natural regeneration of sessile oak in North Wales 2. Acorn losses and germination under gield condition. *Journal of Ecology*, 1968, 56: 647—660.

60. Shipley B, Peters R H. The allometry of seed weight and seedling relative growth rate. *Functional Eology*, 1990, 4: 523—529.

61. Silvertown J W, Charlesworth D. Introduction to Plant Population Biology, Fouth Edition. *Oxford*:

Blackwell Pubilshing, 2001.

62. Silvertown J W. The evolutionary ecology of mast seeding in trees. *New Phytologist*, 85: 109—118.

63. Smith T, Huston M A. Theory of the spatial and temporal dynamics of plant communities. *Vegetation*, 1989, 83: 49—69.

64. Swaine M D, Whitmore T C. On the definition of ecologica species groups in tropical rain forests. *Vegetation*, 1988, 75: 81—86.

65. Turner I M. Tree seedling growth and suivival in a Malayian rain forest. *Biotropica*, 1990, 22: 231—258.

66. Vebblen T T. Regeneration dynamic. In Glenn-lewin D. C. ,et al. (eds). Plant succession: theory and prediction. *London: Chapman & Hall*, 1992, 152—177.

67. Walters M B and Reich P B. Growth of Acer saccharum seedlings in deeply shaded understories of northern Wisconsin: effects of nitrogen and water availability. *Canadian journal of forest research*, 1997, 27: 237—247.

68. Watt A S. Pattern and process in the plant community. *Ecology*, 1947,35: 1—22.

69. Webb L J. Cyclones as an ecological factor in *tropical lowland rain forest*, North Queensland. *Aus-*

tralian Journal of Botany, 1958, 6: 220—228.

70. Welander N T, Ottosson B. The influence of shading on Growth and morphology in seedlings of Quercus robur Land *Fagus sylvatica* L. *Forest Ecology and Management*, 1998, 107: 117—126.

71. Wellburn A R. The spectral determination of chlorophylls a and b, as well total carotenoids, using various solvents with spectrophotometers of different resolution. *Journal of Plant Physiology*, 1994, 144: 307—313.

72. Whitemore T C. Gaps in the forest canopy. In P B Tomlinson, M H Zimmermann (eds). Tropical trees as living systems, *Cambridge: Cambridge University Press*, 1978, 639—655.

73. Whitmore T C. Canopy gap and the two major groups of forest trees. *Ecology*, 1989, 70(3): 536—538.

74. Whitmore T C. The influence of tree population dynamics on forest species composition. In Davy A. J. et al. (eds). *Plant populantion ecology. Blackwell Scientific Publications*, 1988, 271—291.

75. Zackrisson O, Nilsson M C, et al. Regenneration pulses and climate — vegetation interactions in nonpyrogenic boreal Scots pine stands. *Journal of Ecology*,

1995，83(3)：469－483.

76. 安树青，林向阳，洪必恭. 宝华山主要植被类型土壤种子库初探. 植物生态学报，1996，20(1)：41－45.

77. 班勇，徐化成. 兴安落叶松老龄林幼苗天然更新及微生境特点. 林业科学研究，1995，8(6)：660－664.

78. 曹敏，付先惠，杨一光，等. 热带森林中的斑块动态与物种多样性维持. 生物多样性，2000，8(2)：172－179.

79. 曹越，沈伯葵. 人工培养条件下松材线虫提取物的毒性研究. 南京林业大学学报，1996，20(4)：13－16.

80. 陈少裕. 膜脂过氧化与植物逆境胁迫. 植物学通报，1989，6(4)：211－217.

81. 陈圣宾，宋爱琴，李振基. 森林幼苗更新对光环境异质性的响应研究进展. 应用生态学报，2005，16(2)：365－370.

82. 陈小勇，宋永昌. 洪水干扰对青冈种群更新的影响. 热带亚热带植物学报，1997，5(1)：53－58.

83. 冯玉龙，曹坤芳，冯志立，等. 四种热带雨林树种幼苗比呼吸对生长光环境的适应. 生态学报，2002b，22(6)：901－910.

84. 冯玉龙，曹坤芳，冯志立. 生长光强对4种热带雨林树苗光合机构的影响. 植物生理与分子生物学学报，2002，28(2)：153－160.

85. 郭柯，李睿，Marinus J A. 锐齿槲栎橡子埋藏深度对发芽、幼苗出土和发育的影响. 植物学报，2001，43(9)：974－978.

86. 郭平，孙刚，周道纬，等. 草地火行为研究. 应用生态学报，2001，12(5)：746－748.

87. 韩海容，贺顺钦，张学培，等. 辽东栎苗木早期生长与光的关系. 北京林业大学学报，2000，22(4)：97－100.

88. 韩有志，程志枫，常洁，等. 水曲柳人工林下天然更新幼苗的空间格局. 山西农业大学学报，2000，20(4)：335－338.

89. 韩有志，王政权. 森林更新与空间异质性. 应用生态学报，2002，13(5)：615－619.

90. 贺金生，刘峰，陈伟烈，等. 神农架地区米心水青冈林和锐齿槲栎林群落干扰历史及更新策略. 植物学报，1999，41(8)：887－892.

91. 黄忠良，彭少麟，易俗. 影响季风常绿阔叶林幼苗定居的主要因素. 热带亚热带植物学报，2001，9(2)：123－128.

92. 江明喜，金义兴，张全发. 米心水青冈生长过程中的抑制和释放. 应用生态学报，1995，6(supp.)：153－155.

93. 江明喜，金义兴，张全发. 太阳坪米心水青冈林林窗更新动力学的初步研究. 武汉植物学研究，1995，13(3)：225－230.

94. 江苏省微生物研究所农微组. 菌根真菌在林业上的应用. 江苏林业科技，1981，03:57－60.

95. 李博主编. 生态学. 北京：高等教育出版社，1999.

96. 李合生主编. 现代植物生理学. 北京：高等教育出版社，2002，389－438.

97. 李美茹，王以柔，刘鸿先，等. 光照强度调控4种亚热带森林植物叶片的抗氧化能力. 植物生态学报，2001,25(4)：460－464.

98. 李旭光，陈爱侠，何维明. 大头茶种群循环更新的动态研究. 应用生态学报，1996，7(2)：117－121.

99. 李振基，陈鹭真，张宜辉，等.（福建天宝岩自然保护区)植被资源. 林鹏，主编，福建天宝岩自然保护区综合科学考察报告. 厦门：厦门大学出版社，2002，87－131.

100. 李振基，陈小麟，郑海雷. 生态学(第二版). 北京：科学出版社，2004.

101. 梁建萍，王爱民，梁胜发. 干扰与森林更新. 林业科学研究，2002，15(4)：490－498.

102. 梁晓东，叶万辉. 林窗研究进展. 热带亚热带植物学报，2001，9(4)：355－364.

103.林金星，胡玉熹，王献溥，等. 中国特有植物长苞铁杉的生物学特性及其保护. 生物多样性，1995，3(3)：147－152.

104.林植芳，林桂珠，孔国辉，等. 生长光强和冬季低温对三种亚热带木本植物生理特性的影响. 热带亚热带植物学报，1994，2(3)：54－61.

105.刘济明. 梵净山栲树种群结实特征研究. 四川师范学院学报(自然科学版)，1996，17(3)：20－23.

106.刘济明. 栲树种子库及更新. 贵州大学学报(自然科学版)，1998，15(3)：182－187.

107.刘静艳，王伯荪，臧润国. 南亚热带常绿阔叶林林隙形成方式及其特征的研究. 应用生态学报，1999，10(4)：385－388.

108.刘庆. 林窗对长苞冷杉自然更新幼苗存活和生长的影响. 植物生态学报，2004，28(2)：204－209.

109.鲁长虎，刘伯文，吴建平. 阔叶红松林中星鸦和松鼠对红松种子的取食和传播. 东北林业大学学报，2001，29(5)：96－98.

110.马克平，东灵山啮齿动物多样性及其在森林更新中的作用. 见：马克平主编，中国重点地区与类型生态系统多样性，杭州：浙江科学技术出版社，1999.

111.马琼，黄建国，蒋剑波. 接种外生菌根真菌对马尾松幼苗生长的影响. 福建林业科技，2005，32(2)：85

—88.

112. 马万里，荆涛，等. 长白山地区胡桃楸种群的种子雨和种子库动态. 林业大学学报，2001，23(3)：70—72.

113. 孟繁荣，邵景文，赵云喜，等. 在高寒地区樟子松育苗中应用外生菌根真菌的效应. 林业科学研究，1991，4(5)：523—527.

114. 米海莉，许兴，李树华，等. 水分胁迫对牛心朴子、甘草叶片色素、可溶性糖、淀粉含量及碳氮比的影响. 西北植物学报，2004，24(10)：1816—1821.

115. 彭军，李旭光，付永川，等. 重庆四面山常绿阔叶林建群种种子雨、种子库研究. 应用生态学报，2000，11(2)：22—24.

116. 齐代华，李旭光，王周平，等. 缙云山针阔叶混交林更新层物种多样性林隙梯度变化初探. 生物多样性，2001，9(1)：51—55.

117. 钱莲文，郭建宏，吴承祯，等. 长苞铁杉林林隙物种更新动态的初步研究. 江西农业大学学报，2005，27(5)：719—722.

118. 邱扬，李湛东，于汝元. 白桦种群的稳定性与火干扰关系的研究. 植物研究，1998，18(3)：321—327.

119. 沈国舫主编. 森林培育学. 北京：中国林业出版社，2001.

120.苏文华，张光飞. 昆明西山滇青冈林内滇青冈种子库动态的研究. 云南植物研究，2002，24(3)：289—294.

121.唐勇，曹敏，白昆甲. 片断化热带雨林土壤种子库初步研究. 山地学报，2000，8(6)：568—571.

122.唐勇，曹敏，张建侯，等. 西双版纳白背桐次生林土壤种子库、种子雨研究. 植物生态学报，1998，22(6)：505—512.

123.陶大立，赵大昌，赵士洞，等. 红松天然更新对动物的依赖性——一个排除动物影响的球果发芽实验. 生物多样性，1995，3(8)：131—138.

124.陶建平，钟章成，杨万勤. 不同群落中四川大头茶幼苗的生长动态研究. 西南农业大学学报，2001，23(2)：167—170.

125.陶建平，钟章成. 不同环境中四川大头茶幼苗发生及幼苗消亡过程的研究. 西南师范大学学报(自然科学版)，1997，22(3)：302—310.

126.汪思龙，陈龙池，廖利平，等. 几种化感物质对杉木幼苗生长的影响. 应用与环境生物学报，2002，8(6)：588—591.

127.王爱国，罗广华，邵从本. 大豆种子超氧物歧化酶的研究. 植物生理学报，1983，9(1)：77—84.

128.王建林. 长苞铁杉群落结构特征研究. 华东森林

经理，2002，16(1)：46—50.

129. 王巍，李庆康，马克平. 东灵山地区辽东栎幼苗的建立和空间分布. 植物生态学报，2000a，24(5)：595—600.

130. 王巍，马克平，刘灿然. 北京东灵山落叶阔叶林中辽东栎种子雨. 植物学报，2000b，42(2)：195—202.

131. 王周平，李旭光，石胜友，等. 重庆缙云山针阔叶混交林林隙树木更替规律研究. 植物生态学报，2001，25(4)：399—404.

132. 吴承祯，洪伟，吴继林，等. 长苞铁杉群落种间竞争的研究. 西北植物学报，2001b，21(1)：154—158.

133. 吴承祯，洪伟，吴继林，等. 珍稀濒危植物长苞铁杉的分布格局. 植物资源与环境学报，2000a，9(1)：31—34.

134. 吴承祯，洪伟，吴继林，等. 珍稀濒危植物长苞铁杉优势度增长规律的研究. 林业科学，2004，40(2)：189—192.

135. 吴承祯，洪伟，谢金寿，等. 珍稀濒危植物长苞铁杉种群生命表分析. 应用生态学报，2000b，11(3)：333—336.

136. 吴承祯，洪伟. 长苞铁杉种群个体年龄与胸径的多维时间序列模型研究. 植物生态学报，2002，26(4)：403—407.

137. 吴大荣. 福建省罗卜岩自然保护区闽楠种群种子雨研究. 南京林业大学学报，1997，21(1)：56－60.

138. 吴刚. 长白山红松阔叶林林冠空隙特征研究. 应用生态学报，1997，8(4)：360－364.

139. 吴继林，吴承祯，洪伟，等. 珍稀植物长苞铁杉种群空间分布的 Weibull 模型及其应用研究. 江西农业大学学报，1999，21(4)：603－605.

140. 吴继林. 不同方法在珍稀植物长苞铁杉种群分布格局分析中的适用性研究. 江西农业大学学报，2001，23(3)：345－349.

141. 吴宁. 贡嘎山东坡亚高山针叶林的林窗动态研究. 植物生态学报，1999，23(3)：228－237.

142. 奚为民，钟章成. 林窗植被研究进展. 西南师范大学学报，1992，17(2)：265－274.

143. 夏冰，邓飞，贺善安. 林窗研究进展. 植物资源与环境，1997，6(4)：50－57.

144. 徐程扬. 不同光环境下紫椴幼树树冠结构的可塑性响应. 应用生态学报，2001，12(3)：339－343.

145. 徐振邦，陈华，陈涛，等. 促进兴安落叶松天然更新的出苗条件研究. 应用生态学报，1994，5(2)：120－125.

146. 阎秀峰，王琴. 接种外生菌根对辽东栎幼苗生长的影响. 植物生态学报，2002，26(6)：701－707.

147. 杨国亭，宋关玲，高兴喜. 外生菌根在森林生态系统中的重工业性. 东北林业大学学报，1999，27(6)：72—77.

148. 游水生. 不同人为干扰强度对米槠林乔木层组成和物种多样性的影响. 林业科学，2001，37(spl)：106—110.

149. 臧润国，郭忠凌，高文韬. 长白山自然保护区阔叶红松林林隙更新的研究. 应用生态学报，1998，9(4)：349—353.

150. 臧润国，将有绪等. 海南岛霸王岭热带山地雨林林隙更新生态位的研究. 林业科学研究，2001，14(1)：17—22.

151. 臧润国，王伯荪，刘静艳. 南亚热带常绿阔叶林不同大小和发育阶段林隙树种多样性研究. 应用生态学报，2000，11(4)：485—488.

152. 臧润国，徐化成. 林隙(gap)研究进展. 林业科学，1998，34(1)：90—98.

153. 臧润国，杨彦承，刘静艳，等. 海南岛热带山地雨林林隙及其自然干扰特征. 林业科学，1999，35(1)：2—8.

154. 臧润国，余世孝，刘静艳，等. 海南岛霸王岭热带山地雨林林隙更新规律的研究. 生态学报，1998，19(2)：151—158.

155. 臧润国. 林隙更新研究进展. 生态学杂志, 1998, 17(2): 50－58.

156. 张德明, 陈章和. 不同光强下几种南亚热带森林乔木的种子萌发和幼苗生长观察. 生态科学, 1996, 15(2): 6－12.

157. 张德强, 叶万辉, 周国逸, 等. 鼎湖山南亚热带常绿阔叶林林隙生境变化的局部性与偏向性研究. 热带亚热带森林生态系统研究, 2002, (9): 132－136.

158. 张殿忠, 汪沛洪, 赵会贤. 测定小麦叶片游离Pro含量的方法. 植物生理学通讯, 1990, 26(4): 62－64.

159. 张教林, 曹坤芳. 光照对两种热带雨林树种幼苗光合能力、热耗散和抗氧化系统的影响. 植物生态学报, 2002, 26(6): 639－646.

160. 张智英, 李玉辉, 赵志模. 蚂蚁与蚁运植物的互惠共生关系. 动物学研究, 2002, 23(5): 437－443.

161. 赵忠, 刘西平, 王真辉. 外生菌根与VA菌根混合接种对毛白杨光合及蒸腾特性的影响. 西北林学院学报, 1997, 12(3): 63－68.

162. 郑焕能, 乌弘奇. 林火对大兴安岭森林植被的影响与作用. 见: 周以良主编, 中国大兴安岭植被. 北京: 科学出版社, 1991, 214－222.

163. 郑凌峰. 长苞铁杉的生态生物学特性. 植物资源

与环境学报，2000，9(4)：59－60.

164.钟祥顺．长苞铁杉天然林水源涵养功能研究．福建林学院学报，1999，19(3)：261－264.

165.周纪纶，郑师章，杨持．植物种群生态学．北京：高等教育出版社，1992.

166.周先叶，李鸣光，王伯荪．广东黑石顶森林群落黄果厚壳桂幼苗出生和死亡特征．生态科学，1996，(1)：4－8.

167.周先叶，李鸣光，王伯荪．广东黑石顶森林群落黄果厚壳桂幼苗年龄结构和高度结构．热带亚热带植物学报，1997，5(1)：39－44.

168.朱小龙，李振基．南靖和溪南亚热带雨林林隙内树种更新初步研究．厦门大学学报(自然科学版)，2002，41(5)：589－595.

169.朱新广，张其德．NaCl对光合作用的影响．植物学通报，1999，16(4)：332－338.

170.祝廷成，钟章成，李建东．植物生态学．北京：高等教育出版社，1989.

171.邹春静，徐文铎，刘广田．沙地云杉种群种子雨的时空分布规律．生态学杂志，1998，17(3)：16－19.

172.邹惠渝，张凤春．长苞铁杉和铁杉属数量分类的研究．南京林业大学学报(自然科学版)，1996，20(1)：43－47.

173. 邹惠渝，周晓白. 珍稀树种长苞铁杉更新特性的研究. 南京林业大学学报，1994，18(1)：45－50.

致　谢

在此文完成之际，首先要感谢“三峡库区森林生态保护与恢复重庆市市级重点实验室”(CSTC，2007CA1001)，国家自然科学基金项目“自然保护区的生物多样性容量、通量和质量研究”(30370275)和福建省自然科学基金“利用南亚热带雨林种质资源库进行生态恢复的微域筛研究”(C0310004)对本研究的资助。

感谢导师李振基博士，本文的研究工作是在李老师的精心指导下完成的。三年来，他以广博的知识，实干的作风，对我的学习和生活起到极其重要的促进作用。李老师高尚的品格会让我受益终生，再次表示感谢。

研究的选题上，林鹏院士和王文卿副教授提供了很好的建议，野外实验过程得到王建林高级工程师和郑凌峰高级工程师无私的指导。三年的学习期间，林鹏院士、郑海雷教授、严重玲教授、郑文教教授、丁振华教授、叶庆华教授、李裕红博士和杨志伟工程师以及生态所所有的老师给予了很多的关怀与支持，在此表示诚挚的谢意。

感谢本课题组硕士生赖志华、宋爱琴、关少华、杨伟伟和向伟同学在野外采样和室内分析工作中给予的协助，福建天宝岩国家级自然保护区的黄承勇、蔡昌棠两位工程师在外业观测中给予的巨大的帮助。张荣辉硕士、彭在清博士和陈斌彬博士在论文写作过程中给予的鼓励。生态所其他同学也在各个方面给我巨大的帮助,在此一并表示感激。另外,在数据录入工作中,我的妻子王秀丽女士付出了艰辛的努力,让我得以从这项工程浩大的体力劳动中摆脱出来,对此深表感激。

最后,我应该感谢我的父母。在我读博士研究生的三年以及今后的人生路上,家人永远是我的坚强的后盾,让我能够没有后顾之忧地奋勇向前。